高电压与绝缘试验技术

徐 真 王亚林 编著

上海交通大学出版社
SHANGHAI JIAO TONG UNIVERSITY PRESS

内容提要

本书围绕高电压与绝缘试验技术,从试验设备、常规试验、科学试验和虚拟仿真四个方面进行阐述,并配有相应的教学实验和虚拟仿真实验,主要内容包括高压电源发生装置、常规电气绝缘性能试验、高电压与绝缘科学研究试验、高电压与绝缘数值仿真方法、常见电气设备、高电压与绝缘综合教学实验和高电压与绝缘虚拟仿真实验。

本书既结合了行业最新发展需求,将前沿理论和技术应用到教学实践中;又参照本科生课程"两性一度"的金课标准,内容系统全面,能激发同学们学习成才、为国奉献的内驱力。

本书可作为电气工程及其自动化专业"电气设备综合实验""高电压绝缘放电与电荷输运虚拟仿真实验"课程的教材,也可作为其他相关专业研究生、教师及工程技术人员的参考书。

图书在版编目(CIP)数据

高电压与绝缘试验技术 / 徐真,王亚林编著. —上海:上海交通大学出版社,2023.1
ISBN 978 - 7 - 313 - 27582 - 0

Ⅰ.①高… Ⅱ.①徐… ②王… Ⅲ.①高电压绝缘技术—实验 Ⅳ.①TM85 - 33

中国版本图书馆 CIP 数据核字(2022)第 238120 号

高电压与绝缘试验技术

GAODIANYA YU JUEYUAN SHIYAN JISHU

编　　著:	徐　真　王亚林		
出版发行:	上海交通大学出版社	地　　址:	上海市番禺路 951 号
邮政编码:	200030	电　　话:	021 - 64071208
印　　制:	上海景条印刷有限公司	经　　销:	全国新华书店
开　　本:	787 mm×1092 mm　1/16	印　　张:	15
字　　数:	328 千字		
版　　次:	2023 年 1 月第 1 版	印　　次:	2023 年 1 月第 1 次印刷
书　　号:	ISBN 978 - 7 - 313 - 27582 - 0		
定　　价:	68.00 元		

前言

  高电压与绝缘试验技术是一门以试验研究为基础的应用技术，其研究对象是各种形态的高电压和各种性能的介质，需要用各类测试设备来研究不同介质在不同高电压下的物理现象。在绝缘系统设计中，验证绝缘结构的设计、参数的选定是否合理，要进行产品模拟试验；当新产品试制或原材料、工艺有重大改变时，要进行型式试验；在产品制造中，判断原料、半成品、成品是否合格，要进行例行试验；产品从出厂到现场安装好后，要进行验收试验；在产品使用运行中，还要做预防性试验或状态试验。因此，不论是高电压与绝缘理论研究还是产品的制造和研发都离不开高电压与绝缘试验技术。

  本书围绕高电压与绝缘试验技术，从试验设备、常规试验、科学试验和模拟仿真四个方面进行阐述，并配有相应的综合教学实验和虚拟仿真实验。第 1 章介绍高压电源发生装置，包括交流高压的产生与测量、直流高压的产生与测量、冲击电压的产生与测量和冲击电流的产生与测量。第 2 章介绍常规电气绝缘性能试验，包括绝缘电阻和泄漏电流的测量、电容量及介质损耗因数的测量、介电强度试验和局部放电试验。第 3 章介绍高电压与绝缘科学研究试验，包括空间电荷测量、表面电位/电荷测量、电树枝观测和绝缘材料陷阱测量。第 4 章介绍高电压与绝缘数值仿真方法，包括电磁暂态仿真软件 PSCAD、科学计算和电路仿真软件 MATLAB - Simulink 以及多物理场仿真软件 COMSOL Multiphysics。第 5 章介绍常见电气设备，包括容性设备、避雷器、绝缘子与架空线、变压器、电缆、旋转电机、GIS 与高压开关设备以及储能技术与装备。第 6 章介绍高电压与绝缘综合教学实验，包括实验基本要求及安全注意事项、绝缘电阻和泄漏电流测量实验、电容量及介质损耗因数测量实验、固体绝缘空间电荷测量实验、电树枝与局部放电测量实验、ESE 避雷针提前放电时间评估实验、高压开关柜质量评估实验和高压电源发生装置数值仿真实验。第 7 章介绍高电压与绝缘虚拟仿真实验，包括设备认知、固体绝缘强度实验、电树枝与局放实验、PEA 空间电荷实验和固体放电过程展示。

　　本书可作为电气工程及其自动化专业"电气设备综合实验""高电压绝缘放电与电荷输运虚拟仿真实验"课程的教材,也可作为其他相关专业教师、研究生及工程技术人员的参考书。

　　本书由徐真、王亚林编写,徐真编写了第1章、第2章、第6章及整理校对了全稿,王亚林编写了第3章、第4章、第5章及第7章。本书在编写过程中得到了上海交通大学电子信息与电气工程学院副院长、电气工程系主任尹毅教授的大力支持。上海交通大学出版社的周颖和黄韵迪编辑给出了诸多宝贵的修改建议,在此向指导帮助本书编写的各位专家致以衷心的感谢。

　　由于编写时间仓促,加之编者学术水平及教学经验有限,书中若存在不妥之处,诚挚希望各位读者提出宝贵意见,读者可通过电子邮件 zxu@sjtu.edu.cn 与编者联系。

目录

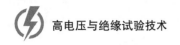

第4章　高电压与绝缘数值仿真方法   91

第5章　常见电气设备   118

第6章　高电压与绝缘综合教学实验

第 *1* 章

高压电源发生装置

电气设备的绝缘性能除了会在设备的运行中长期受到工作电压(交流电压或直流电压)的影响外,还可能会受到如大气过电压或内部过电压等各种过电压的侵袭,因而会有所劣化。为了检验电气设备的绝缘强度,电气设备在出厂、安装调试或检修时都需要进行各种高电压试验。因此,产生这些试验电压(交流高压、直流高压和冲击电压)和试验电流(冲击电流)的高压电源发生装置及相应测量装置是十分重要的。

随着电网电压和相应试验电压的不断提高,要获得各种符合要求的试验用高电压越来越困难,这是高电压试验技术发展首先需要解决的问题。与非破坏性试验相比,绝缘的高电压试验具有直观、可信度高、要求严格等特点,但因它具有破坏性试验的性质,所以一般都放在非破坏性试验项目通过之后进行,以减少乃至避免不必要的损失。

1.1 交流高压的产生与测量

对于一般的被试品,交流高压通常采用试验变压器来产生;对于电容器和比较长的电缆等电容量较大的被试品,交流高压可以采用串联谐振试验设备来产生;对于电力变压器等具有绕组的被试品,交流高压可以采用三倍频变压器来产生。

1.1.1 单级试验变压器

试验变压器与电力变压器相比在工作原理上没有什么不同,它的主要特点是变比较大,但容量较小,因为试验变压器需要提供较高的试验电压,而试样绝缘则相当于较小的电容负载。试验变压器一般做成单相的。高压绕组大多数做成多层绕组,层间绝缘是由电缆纸和绝缘材料制成的圆筒组成。这种绕组在放电瞬间产生的过电压作用下所遭受的损坏风险要比其他形式绕组的小。由于电压高,需要采用较厚的绝缘层及较宽的间隙距离,所以试验变压器的漏磁通较大,短路电抗值也较大。考虑到试验变压器在工作时不会受到高幅值过电压的作用,其主绝缘裕度一般较小,只比额定电压高出 10%~20%。此外,由于试验变压器

1

的工作时间较短,在额定电压下满载运行的时间更短,所以不需要像电力变压器那样装设散热管及其他附加散热装置。

试验变压器的结构主要取决于绝缘的要求,大多数为油浸式,有金属壳及绝缘壳两类。金属壳试验变压器又可分为单套管变压器和双套管变压器两种。单套管变压器的结构如图 1.1-1(a)所示,其高压绕组一端(接地端)可与外壳相连,另一端(高压端)经高压套管引出。有时为了方便测量高压绕组的电流,可将高压绕组的接地端不直接与外壳相连,而是经过一个小套管引到壳外,再与外壳一起接地。双套管变压器的结构图如图 1.1-1(b)所示,其外壳对地绝缘,其高压绕组分成匝数相等的两部分,分别绕在铁芯的左右两柱上,高压绕组的中点通常与外壳相连,低压绕组绕在具有 X 出线端的高压绕组的外面,这样每个套管所承受的只是输出电压的一半。由于铁芯及外壳也带有高电位,所以外壳需要用绝缘子对地绝缘。采用这种结构使高压绕组与铁芯、外壳间以及高压绕组间的电位差降低,绝缘利用比较合理,从而可以减小尺寸和减轻重量。

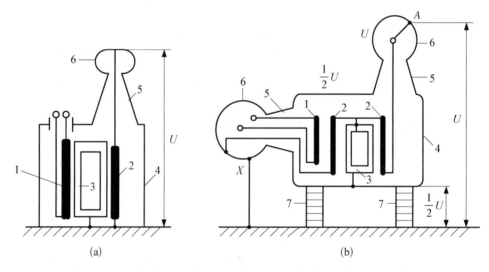

1—低压绕组;2—高压绕组;3—铁芯;4—外壳;5—高压套管;6—均压环;7—绝缘支柱。

图 1.1-1 单套管和双套管试验变压器结构图

(a) 单套管试验变压器结构图;(b) 双套管试验变压器结构图

绝缘壳试验变压器如图 1.1-2 所示,它是以绝缘壳(通常为酚醛纸筒、环氧玻璃布筒、瓷套等)作为容器,同时又以绝缘壳作为外绝缘,以省去引出套管,其铁芯和绕组布置与双套管金属壳变压器的相同,只是铁芯的两柱一般是上下排列的(也有左右排列的),铁芯需要用绝缘支架使之悬空。高压绕组的高压端 A 与金属上盖连在一起,接地端 X 以及低压绕组的 a、x 两端从底座引出。这种结构体积小、重量轻,优点显著。以酚醛纸筒为外壳的变压器比瓷外壳的重量轻,不会碰碎,但怕水,易受潮。

关于更高电压下所使用的串级变压器的结构,后文将另外叙述。

试验变压器的主要参数为额定电压和额定容量。由于试验变压器的体积和重量随其额定电压的增加而急剧增加,故单台试验变压器的电压都限制在 1 000 kV 以下。因为试品大多为电容性的,当知道试品的电容量及所加的试验电压时,便可计算出试验电流及所需的试验变压器容量。在多数情况下,其高压侧额定电流在 0.1～1 A 范围内,额定电压在 500 kV 及以上时一般为 1～3 A。

1.1.2　串级试验变压器

当单台试验变压器的额定电压超过 500 kV 时,其造价将随额定电压的上升而迅速增加,同时,其机械结构和电气绝缘的设计制造也困难重重,此外其运输与安装也十分困难。因此,为了获得更高的交流高压,采用串级方式将若干台试验变压器串联起来,在技术和经济上是比较合理的。

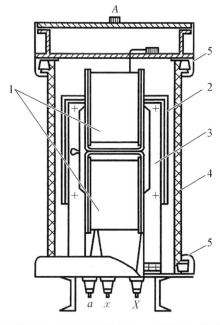

1—绕组;2—铁芯;3—绝缘支架;4—绝缘筒;5—屏蔽罩。

图 1.1 - 2　绝缘壳式试验变压器结构图

根据变压器一次侧绕组供电方式不同,串级方式可分为两种。

第一种串级方式是通过绝缘变压器供给激磁电流的串级方式,如图 1.1 - 3 所示。绝缘变压器一、二次侧绕组匝数相同,变比为 1:1,它不起改变电压作用,只起绝缘作用,它的一、二次侧绕组间的绝缘能耐受 U_2 的电压。第一级主变压器直接接到低压侧电源母线;第二级主变压器经过一个绝缘变压器接到低压侧电源母线,第三级主变压器经过两个绝缘变压器接到低压侧电源母线。这样,每台变压器所需要的内绝缘和引出套管的绝缘只需要耐受 U_2 水平的电压,而串接产生的电压则可达到 $3U_2$。每个变压器的外壳和铁芯带有同样的电位,主变压器外壳和绝缘变压器外壳之间有 U_2 的电位差,所以要用支撑绝缘子将其隔离。由图 1.1 - 3 可见串级数为 3,而需要的变压器总数(包括主变压器和绝缘变压器)为 6 台。若采用这种串级方式,当级数增多时就需要很多变压器,从而增加了成本费用,而且会占据很大的空间。所以,这种串级方式目前很少采用。但这种串级方式中 3 台主变压器的电压和容量都相同,不像接下来介绍的一种串级方式,前一级的变压器容量将包括后一级的容量。故当高压绕组要承受几个安培的电流时,采用这种串级方式是有利的。

第二种串级方式为自耦式的串级方式,是目前最常用的串级方式,如图 1.1 - 4 所示。在此法中,除试验变压器 T_3 外,试验变压器 T_1、T_2 都具有激磁绕组,后一级试验变压器的激磁电流由前一级的试验变压器来提供。假设试验变压器 T_3 的额定容量为 P,则试验变压器 T_2 的额定容量为 $2P$,因为试验变压器 T_2 除了供给高压绕组的容量外,还得供给试验变压器 T_3 的激磁容量。同理,试验变压器 T_1 的额定容量为 $3P$。所以,每级试验变压器的装置容量

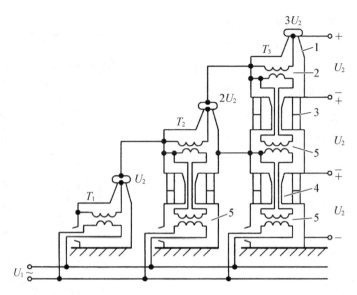

T_1、T_2、T_3—主变压器;1—高压套管;2—高压绕组;3—支撑绝缘子;4—引出套管;5—绝缘变压器。

图 1.1 - 3 通过绝缘变压器供给激磁电流的串级方式示意图

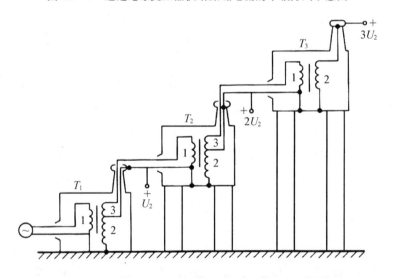

T_1、T_2、T_3—试验变压器;1—低压绕组;2—高压绕组;3—激磁绕组。

图 1.1 - 4 通过激磁绕组供给激磁电流的串级方式示意图(单高压套管变压器)

是不相同的,越接近电源的试验变压器容量越大。各级试验变压器的铁芯和它的外壳接在一起,它们具有同一个电位。各级试验变压器的高压绕组包括激磁绕组、低压绕组、外壳和铁芯的主绝缘,只需要耐受 U_2 水平的电压。

　　当试验电压水平较高时,还常采用双高压套管引出的试验变压器,每级变压器的高压绕组的中点接外壳(铁),如图 1.1 - 5 所示。显然,其优点是可以降低绝缘水平。每个高压套管引出端对铁壳和铁芯的压差是高压绕组总电压的一半。因此高压套管以及内部主绝缘的绝缘水平只需要能耐受每级电压的一半就可以了。每一级变压器的外壳都带有一定的电位,

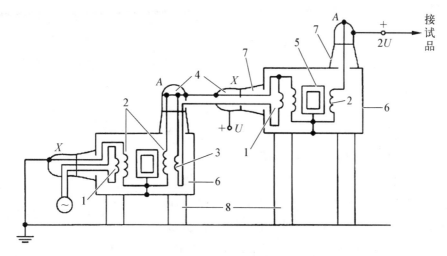

1—低压绕组；2—高压绕组；3—激磁绕组；4—屏蔽帽；5—铁芯；6—外壳；7—高压套管；8—支持绝缘子。

图 1.1 - 5   通过激磁绕组供给激磁电流的串级方式示意图（双高压套管变压器）

所以每一级变压器都需有支持绝缘子把它们对地绝缘起来。

与第一种串级方式相比，自耦式的串级方式所需试验变压器数目较少，结构布置简单，占地面积较少。但是，由于需要在试验变压器铁芯上配置励磁绕组、高压绕组和激磁绕组，变压器的漏磁通将增加，而且整个串级线路的漏抗将随级数增加而急剧增加。为了降低试验变压器的短路电抗，对于单高压套管的串级试验变压器，有时在铁芯的左右两柱都绕有低压绕组，两个低压绕组并联，用以加强高低压绕组之间的耦合；对于双高压套管的串级试验变压器，常在铁芯的左右两柱上套装平衡绕组，两个平衡绕组以同极性端相连，其匝数都与一次侧低压绕组匝数相同。

对于 n 级串级变压器，令 $U_2 I_2 = W$，不管采用哪种串级方式，其设备的利用率都为

$$\eta = \frac{nW}{(1+2+3+\cdots+n)W} = \frac{nW}{\dfrac{n(n+1)}{2}W} = \frac{2}{n+1} \qquad (1.1-1)$$

由式 1.1 - 1 可见，随着串级级数的增加，设备的利用率显著降低。一般地，串级级数 $n \leqslant 4$。

串级试验变压器的优点：每级试验变压器电压不太高，绝缘结构制作方便，价格便宜，运输安装方便；如试验电压低时，可用其中 1～2 台变压器；每台变压器可分开单独使用；若一台变压器损坏，其他几台可继续使用，减小损失。

串级试验变压器的缺点：装置利用率低；短路阻抗随级数增加而显著增加；产生过电压时，各级间瞬态电压分布不均匀，可能发生套管闪络及励磁绕组中的绝缘故障。

1.1.3   调压装置

交流试验电压都是从零值逐渐上升到指定数值的。为了保证试验结果的可靠性，交流

试验电压的精确调节是必要的。利用接在试验变压器初级侧的调压设备调节试验变压器的初级电压,可以调节试验变压器的输出电压。

常用调压装置主要有自耦调压器、移圈式调压器和电动发电机组,早期的感应调压器已不常用。

1) 自耦调压器

自耦调压器是最简单的调压设备之一,其二次侧电压抽头不是固定的,而是用滑动碳刷触头或滚动触头沿着绕组移动从而变成为可调的,接线原理如图 1.1-6 所示。小容量(不高于 20 kVA)的自耦调压器用碳刷触头调压,实际是分级调压,只不过每级分得较细,每级电压的变化不超过 2%。这种小容量调压器价格便宜、携带方便、漏抗小、波形较好,在小容量试验中被大量采用。用油绝缘的自耦调压器容量可达

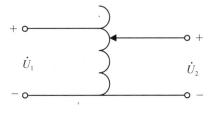

图 1.1-6 自耦调压器原理图

50 kVA 甚至几百千伏安。新型产品采用特殊的滚动触头调压,调压过程中不产生火花。当输出电压在 50% 额定电压以上时,阻抗电压较低,输出电压波形畸变小,输出电压与输入电压同相位。

2) 移圈式调压器

移圈式调压器的结构和电磁原理与变压器相似,它借助一个沿铁芯柱高度方向上下移动的短路线圈,改变主回路两个线圈的阻抗和电压分配,达到调节输出电压的目的,其原理接线如图 1.1-7(a)所示,结构如图 1.1-7(b)所示。图中,线圈 C 和 D 匝数相等而绕向相反,两线圈互相串联。线圈 K 是一个短路线圈,它套在线圈 C 和 D 之外,可以上下移动,由此起到调节电压的作用。K 的匝数与 C 和 D 的相同。当 A、X 端施加电源电压 $\dot{U}_1$ 后,线圈 C 和线圈 D 产生主磁通 Φ_C 和 Φ_D,并将分别在线圈 K 中产生方向和大小都不相等的电动

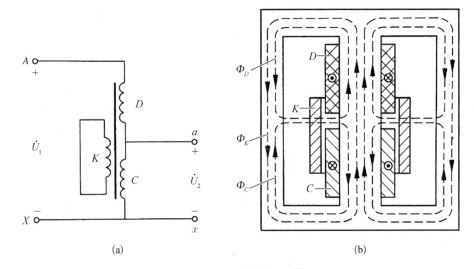

(a)　　　　　　　　(b)

图 1.1-7 移圈式调压器

(a) 原理接线图;(b) 结构图

势。线圈 K 中会流过某一短路电流,此电流产生的磁通 Φ_K 也会在线圈 C 和线圈 D 中产生感应电动势,此感应电动势的方向和大小随 K 的位置的变化而改变。

（1）绕组 K 在最下端时,Φ_C 全部交链 $K \rightarrow K$ 产生感生电流 $\rightarrow$ 产生 Φ_K 抵消 $\Phi_C \rightarrow C$ 绕组电压几乎为 $0 \rightarrow$ 电源电压 $\dot{U}_1$ 几乎都落在线圈 D 上 $\rightarrow$ 输出端电压 $\dot{U}_2 \approx 0$。

（2）绕组 K 在最上端时,Φ_D 全部交链 $K \rightarrow K$ 产生感生电流 $\rightarrow$ 产生 Φ_K 抵消 $\Phi_D \rightarrow D$ 绕组电压几乎为 $0 \rightarrow$ 电源电压 $\dot{U}_1$ 几乎都落在线圈 C 上 $\rightarrow$ 输出端电压 $\dot{U}_2 \approx \dot{U}_1$。

（3）绕组 K 处于 C、D 的正中央时,Φ_C、Φ_D 在 K 中产生的感生电动势大小相等,方向相反 $\rightarrow K$ 中无电流 $\rightarrow$ 相当于不存在 K。

移圈式调压器不存在滑动触头,所以其容量可以做得很大,最大到几千千伏安,但其漏抗较大,电压波形畸变较大。

3) 电动发电机组

电动发动机组包括同步发电机和拖动发电机所用的电动机,通过调压发电机的励磁电流来调节发电机的输出电压。这种方法的优点是可以均匀平滑地调压,不受电网电压波动的影响,并可以供给正弦的电压波形,如图 1.1-8 所示。但由于电动发电机组价格很贵,因此只有在有特殊要求的实验室里,才采用这种调压装置。

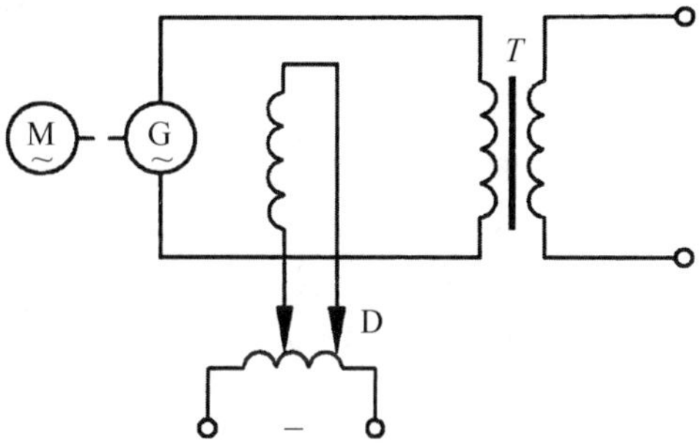

自耦调压器和移圈式调压器的主要特点如表 1.1-1 所示。

M—电动机；G—发电机；T—变压器；D—双电位计。

图 1.1-8　电动发电机组调压示意图

表 1.1-1　自耦调压器和移圈式调压器的主要特点

名　　称	自 耦 调 压 器		移圈式调压器
	环　式	柱　式	
额定容量/kVA	0.1～30	10～2 500	25～2 250
电压	0.5 kV	10 kV 及以下	10 kV 及以下
调压范围/%	0(1)～100		5(2.5)～100
波形畸变率/%	<1		<5
效率/%	>98		>94
空载电流百分比/%	<3		<30
短路阻抗	小		大
产品成本	低	高	中
作为高电压试验调压器的性能评估	可以满足特殊要求		只能满足一般要求

1.1.4 串联谐振试验设备

为了满足具有大静电电容量试品的交流耐压试验需要,可采用串联谐振试验设备。具有大静电电容量的试品通常是指电缆、六氟化硫管道、电容器以及容量不低于 300 MW 的大容量发电机。

串联谐振试验设备是利用 L-C 串联谐振的原理,使试品能受到交流高压的作用,其供电变压器的额定电压及容量可大为减小,其原理图如图 1.1-9(a)所示,而其等效电路图则如图 1.1-9(b)所示。工作时,调整电感 L 的大小,使之与电容 C 在工频之下发生串联谐振,即 $\omega L = \dfrac{1}{\omega C}$, $\omega = 2\pi f$, $f = 50\,\text{Hz}$。在谐振时,流过高压回路的电流达到最大值,即 $I_{\text{m}} = U/R$。

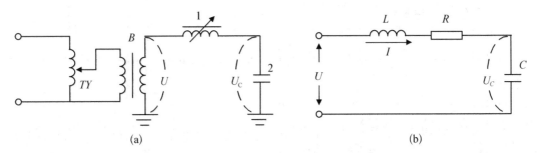

1—调谐电感;2—试品;TY—调压器;B—变压器;C—试品及分压器和变压器本体的总电容;L—调谐用可变电感;R—回路中的总电阻;U—电源电压

图 1.1-9 串联谐振试验设备

(a) 原理图;(b) 等效电路图

谐振回路的品质因数为

$$Q = \omega L/R = \sqrt{L/C}\,/R \qquad (1.1-2)$$

试验设备的 Q 都较大,利用低压电感经变压器组成高压电感时,Q 常不小于 20,可高达 $40\sim80$。在谐振时,试品 C 上的电压 U_C 与调谐电感上的电压 U_L 一样大。

$$U_C = U_L = U\omega L/R = QU \qquad (1.1-3)$$

U_C 的值远大于供电变压器输出电压 U。在谐振时,试验所损耗的功率仅为电阻上的有功功率,故供电变压器的容量比普通交流耐压所用的试验变压器要小得多。

若高电压的调谐电感不便于制作,可将调谐电感接在试验变压器的低压侧,组成调谐电感-调谐变压器组合,该组合相当于一台高压调谐电感。

除了调感式的串联谐振装置外,还有以调电容为主的串联谐振装置和调电源频率的串联谐振装置。后者适用于对气体绝缘金属封闭开关设备(gas insulated switchgear, GIS)等试品的交流耐压试验。

利用串联谐振试验设备进行工频耐压试验的特点如下。

(1) 供电变压器和调压器的设备容量小。这是因为试品上的电压 $U_C = QU$。既然高压回路中流过的电流是相同的,那么供电变压器和调压器的容量在理论上仅为试验所需容量的 $1/Q$。

(2) 串联谐振装置所输出的电压波形较好。这是因为试验回路仅对工频(基波)产生谐振,而对其他由电源所带来的高次谐波分量来说,回路总阻抗很大,所以试品上谐波分量很弱,试验波形就较好。

(3) 若在试品耐压试验过程中发生了闪络,则因失去了谐振条件,交流高压立即消失,从而使电弧迅速熄灭。

(4) 恢复电压建立过程较长,控制电源很容易在再次达到闪络电压之前跳闸,避免重复击穿。

(5) 恢复电压并不出现任何过冲所引起的过电压。

1.1.5　交流高压的测量

在电力系统中测量交流高压,主要是通过电压互感器和电压表来实现的。但这种方法在高电压实验室中用得不多,因为高电压实验室中所要测的电压值常常比现有电压互感器的额定电压高许多,特制一个超高压的电压互感器是比较昂贵的,而且高电压的互感器比较笨重。在高压实验室中用来测量交流高压的方法主要有以下几种:测量球间隙、静电电压表、分压器测量系统、峰值电压表、电压互感器测量系统和试验变压器的变比等。

1) 测量球间隙

测量球间隙是由一对相同直径的金属球所构成,可水平布置也可垂直布置,如图 1.1-10 所示。加压时,球隙间形成稍不均匀电场。对于一定的球径,间隙中的电场随距离的增长而越来越不均匀。被测电压越高,间隙距离越大,要求球径也越大,这样才能保持稍不均匀电场。当其余条件相同时,球间隙在大气中的击穿电压决定于球间隙的距离。利用这个特性,就可以用测量球间隙来进行电压的测量。

1938 年国际电工委员会(International Electrotechnical Commission,IEC)综合各国试验室的试验数据制订出测量球间隙放电电压的标准表(于 1960 年修正)。该标准表分为两个:一个表适用于交流高压、负极性冲击电压和两种极性的直流高压;另一个表适用于正极性冲击电压。

测量球间隙的优点如下。

(1) 可以测量交流高压、直流高压和冲击电压的幅值,几乎是直接测量超高电压的唯一设备。

(2) 结构简单,容易自制或购买,不易损坏。

(3) 测量交流高压及冲击电压时的不确定度可保持在 $\pm 3\%$ 以内。它被 IEC 标准和中国国家标准选为能以保证的测量不确定度来测量高电压的装置,称为标准测量装置。可用它与其他高压测量系统进行比对,以进行认可的测量系统的线性度试验。

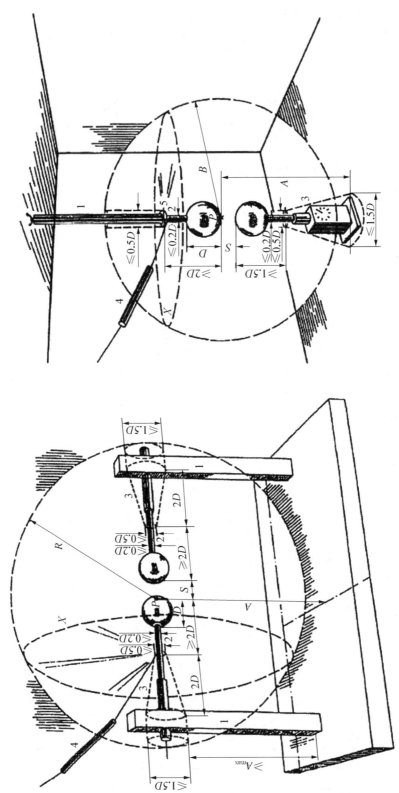

图 1.1－10　测量球间隙

1—绝缘支架；2—球柄；3—传动机构；4—带串联电阻的高压引线；5—均压罩（图视最大尺寸）；P—高压球级放电点；A—相对地平面 P 点的高度；B—无外结构的空间半径；X—距 P 点为 B 点的范围内元件 4 不应穿过的平面。

测量球间隙的缺点如下。

（1）测量时必须放电，放电时将破坏稳定状态，可能引起过电压。

（2）气体放电有统计性，数据分散，必须取多次放电数据的平均值，为防止电离气体的影响，每次放电间隔不得过小，且升压过程中的升压速度应较缓慢，才能使低压表计在球间隙放电瞬间能准确读数，测量较费时间。

（3）实际使用中，测量稳态电压要做校正曲线，测量冲击电压要用 50％ 放电电压法，程序都较麻烦。

（4）要校正大气条件。

（5）被测电压越高，球径越大，目前已有用到直径为 3 m 的铜球，不仅本身笨重，而且影响建筑物尺寸。从发展的角度来看，测量球间隙的使用前景并不乐观。

（6）一般来说测量球间隙不宜于室外使用。实践证明，由于强气流以及灰尘、砂土、纤维和高湿度的影响，在室外使用球间隙时常会产生异常放电。

2）静电电压表

加电压于两电极，由于两电极上分别带有异性电荷，电极就会受到静电机械力的作用。测量此静电力的大小或是由静电力产生的某一极板的偏移（或偏转）来反映所加电压大小的计量表称为静电电压表。

静电电压表有两种类型，一种是绝对仪静电电压表；另一种是非绝对仪静电电压表，即工程上应用的静电电压表。所谓绝对仪静电电压表是指，在电极面积 S 已知的条件下，测量电极之间的作用力 f 以及极间距 l，由此而计算出电极间所施加的被测电压的一种精密而复杂的静电电压表。正因为可以计算出被测电压，所以不需要用其他测量电压的仪表来为之校准和标定其电压刻度。该种仪表测量准确度高，但结构及应用很复杂，只适用于需要准确测量的场合。为了测量方便，工程上常应用构造简单的非绝对仪静电电压表，其测量不确定度一般为 1％～3％，量程可达 1 000 kV。此种电压表在测量电压时可动电极有位移（偏转）。可动电极有位移（偏转）时，张丝所产生的扭矩或是弹簧的弹力等产生了反力矩，当反力矩与静电场力矩相平衡时，可动电极的位移到达一稳定值，与可动电极连接在一起的指针或反射光线的小镜子就指出了被测电压数值。如图 1.1－11 所示为一种常用的非绝对仪静电电压表。

静电电压表既可测量直流高压，也可测量交流高压，还可以测量频率高达 1 MHz 的电压。静电电压表的优点是它基本上不从电路里吸取功

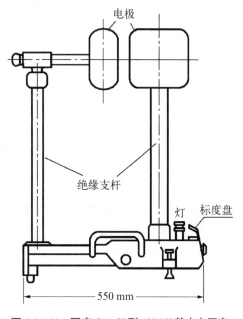

图 1.1－11　国产 Q_4－V 型 100 kV 静电电压表

率,或是只吸取极小量的功率。当测量直流电压时,除了电路接通时的那个瞬间外(仪表的电极充电),仪表不从电路中吸取功率;当测量交流高压时,表内通过电容电流的多少决定于被测电压频率的高低及仪表本身电容的大小,由于仪表的电容一般仅几皮法(pf)到几十皮法,所以其所吸取的功率也很微小,因此静电电压表的内阻抗极大。通常还可以把它接到分压器上来扩大其电压量程。

静电电压表在使用时应注意高压源及高压引线对表的电场影响。因为仪表虽已有电场屏蔽装置,但外界电场作用的影响仍然不同程度地存在着。静电电压表的安放位置(或方向)或是高压引线的路径处置不当,往往会造成显著的测量误差。另外,高压静电电压表不能在有风的环境中使用,否则活动电极会产生风摆,造成测量误差。

3) 分压器测量系统

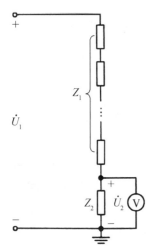

图 1.1-12 分压器原理图

测量交流高压的分压器测量系统由分压器、传输系统和测量仪表组成。其中,分压器是一种将高电压波形转换成低电压波形的转换装置,其原理如图 1.1-12 所示。图中,Z_1 为分压器高压臂阻抗,Z_2 为低压臂阻抗。测量电压时,大部分电压降落在高压臂上,低压臂上仅分到小部分电压,该低压值乘上一个系数 k 即可获得被测的高压值。此系数通常称为分压器的刻度因数,也称为分压比。准确测量要求电压仅在幅值上差 k 倍,两者的相位差几乎为零。

$$k = \frac{Z_1 + Z_2}{Z_2} \qquad (1.1-4)$$

分压器的高压臂及低压臂可以由电容元件、电阻元件和阻容元件构成。但实际上交流分压器主要采用电容式分压器。只有在电压不很高、频率不过高时才采用电阻分压器。

分压器有如下基本要求。

(1)分压器接入被测电路应基本上不影响被测电压的幅值和波形。

(2)分压器所消耗的功率应不大。在一定的冷却条件下,分压器消耗的电能所形成的温升不应引起分压比的改变。

(3)由分压器低压臂所测得的电压波形应与被测电压波形相同,分压比在一定频带范围内应与被测电压的频率和幅值无关。

(4)分压比与大气条件(气压、气温、湿度)无关或基本无关。

(5)分压器中应无电晕及绝缘泄漏电流,或者说即使有极微量的电晕和绝缘泄漏电流,它们应对分压比的影响很小。

(6)分压器应采取适当的屏蔽措施,使它的测量结果基本上或完全不受周围环境(如与墙的距离)的影响。

对由分压器、传输系统(主要是同轴电缆)及测量仪表所组成的整个测量系统来说,在规定的工作条件范围内其性能应该稳定,这样测量系统的刻度因数在长时间内就可保持稳定。

另外需要说明的是,示波器配备的电压探头或者衰减器实际上都属于分压器范畴。

4) 峰值电压表

广泛地说,峰值电压表是指测量周期性波形及一次过程波形峰值的电压表。国内外早已有兼能测量上述两大类波形峰值的 1.6 kV 峰值电压表。适用于交流高压测量的峰值电压表主要有两种,其中一种是利用电容电流整流来测量电压峰值;另一种是利用电容器上的整流充电电压来测量电压峰值。

5) 电压互感器测量系统

电压互感器(potential transformer/voltage transformer,PT/VT)与变压器类似,都有一次绕组和二次绕组。两个绕组都装在或绕在铁芯上,绕组之间以及绕组与铁芯之间都有绝缘。在使用电压互感器时,把一次绕组并连接在线路上,二次绕组接测量仪表。

6) 试验变压器的变比

在使用试验变压器产生交流高压时,可以通过测量原边电压,再乘上试验变压器的变比来得到试验变压器的输出电压值,如图 1.1 - 13(a)所示。某些试验变压器有专门的测量线圈,通过测量测量线圈上的电压也能得到试验变压器的输出电压值,如图 1.1 - 13(a)所示。但需要注意的是,当试品电容量较大时,会有“容升”效应,这时通过变比测得的输入电压值会比实际电压值低。试品的电容以及试验变压器的漏抗越大,“容升”效应就越明显。由电机学课程的内容可以知道,如略去激磁电流,试验变压器的等效电路可以简化成如图 1.1 - 13(b)所示

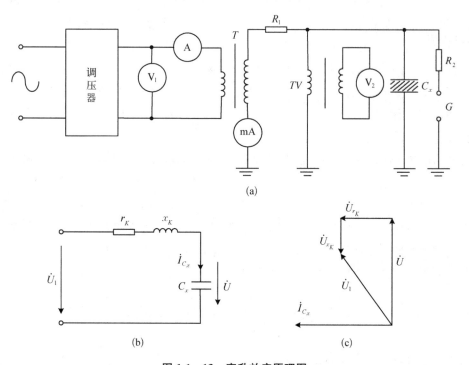

图 1.1 - 13　容升效应原理图

(a) 原理线路图;(b) 简化等值电路图;(c) 向量图

的电路。图中 $r_K + x_K$ 为总漏抗。设 $U_{rK} = r_K I_{C_x}$，$U_{xK} = x_K I_{C_x}$，则对应于图 1.1 - 13(b)的电压、电流向量图如图 1.1 - 14(c)所示。由此图可见，当试品的电容以及试验变压器的漏抗较大时，在试品上出现的 U 电压值超过按照变比换算所得的 U_1。

1.1.6　测量系统

用来进行高电压或冲击大电流测量的整套装置称为测量系统。在中国国家标准和 IEC 标准中把测量系统分为标准测量系统（reference measuring system）和认可的测量系统（approved measuring system）两类。标准测量系统是指具有足够准确度和稳定性的测量系统，在进行特定波形和范围内的电压或电流同时比对测量中，它被用来认可其他测量系统。认可的测量系统通常应用于实验室，它需由标准测量系统来校准并认可。测量系统由转换装置、传输系统和测量仪器等组件所组成。转换装置是将被测量转换成另一测量仪器可记录或显示量值的装置，如分压器、分流器就是一种转换装置。传输系统是将转换装置的输出信号传递到测量仪器的一套装置。传输系统一般由带匹配阻抗的同轴电缆组成，还可包括转换装置与测量仪器之间所连接的衰减器、放大器或其他装置，例如，光纤系统包括光发射器、光缆和光接收器以及相应的放大器。传输系统可全部或部分地归入转换装置中。测量仪器是单独或与外加装置一起进行测量的装置，现在常用的测量仪器是数字示波器。

测量系统的刻度因数是指与测量仪器的读数相乘便得到整个测量系统的输入量值的因数，有转换装置的刻度因数、传输系统的刻度因数和测量仪器的刻度因数等。譬如作为转换装置的分压器，它的刻度因数就是分压比。最近一次性能试验所确定的测量系统的刻度因数称为标定刻度因数（assigned scale factor）。测量的不确定度是一个与测量结果相联系的、能合理表征被测量值分散性的非负参数。其中标准不确定度 u 是以标准偏差表示的测量结果的不确定度；而扩展不确定度 U 是确定测量结果区间的量，属于合理被测值分布的大部分都可预期包含于此区间中。

按照 GB/T 16927.1 的规定，在额定频率下测量交流试验电压（有效值）时，测量的扩展不确定度 $U_M \leqslant 3\%$。实际上，所有高电压（包括交流高压、直流高压和全波冲击电压）的认可测量系统对电压值测量的扩展不确定度 $U_M \leqslant 3\%$。所有高电压（包括交流高压、直流高压和全波冲击电压）的标准测量系统对电压值测量的扩展不确定度 $U_M \leqslant 1\%$。标准里还提到有较高级的标准测量系统，它对电压测量所要求的扩展不确定度 $U_M \leqslant 0.5\%$。

1.2　直流高压的产生与测量

电力设备常需进行直流高压下的绝缘试验，例如测量它的泄漏电流，而一些电容量较大的交流设备，例如电力电缆，需进行直流耐压试验来代替交流耐压试验。至于超高压直流输电所用的电力设备则更需要进行直流高压试验。此外,一些高压试验设备,例如冲击试验设备,需用直流高压电源。因此直流高压试验设备也是进行高电压试验的一项基本设备。直流高压一般使用变压器整流电路产生。

1.2.1　半波整流电路

在不要求产生很高的直流电压时,可采用简单的整流电路。如图 1.2 - 1(a)所示为半波整流电路,它基本上与电力电子技术中常用的低压半波整流电路是一样的,只是增加了一个保护电阻 R。如果没有负载 ($R_x = \infty$),并忽略滤波电容 C 的泄漏电流,则充电完毕后,滤波电容 C 两端电压即为试验变压器 T 输出电压的幅值 $\sqrt{2}U_T$。整流元件 D 两端承受的反向电压等于滤波电容 C 两端的电压加上试验变压器 T 输出的电压,其反向电压最大值为 $2\sqrt{2}U_T$。显然,整流元件能耐受的电压应大于 $2\sqrt{2}U_T$。

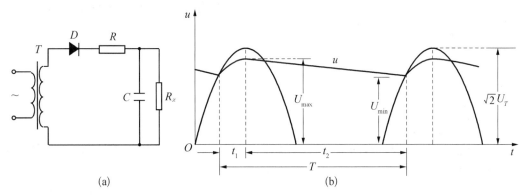

T—试验变压器;D—整流元件(高压硅堆);R—保护电阻;C—滤波电容;R_x—试品;u—输出直流电压;U_{max}、U_{min}—输出直流电压的最大值、最小值;U_T—试验变压器的输出电压(有效值)。

图 1.2 - 1　半波整流电路和输出电压波形图

(a) 半波整流电路;(b) 输出电压波形图

接上负载后,输出电压随时间的变化如图 1.2 - 1(b)所示,由于充电回路中的电压降落,滤波电容 C 不可能充电到交流电压的幅值 $\sqrt{2}U_T$,整个电路的输出电压 u 不是严格的直流电压,而是随时间有不大的周期性变化。

直流高压试验设备的基本技术参数有三个,即输出的额定直流电压(算数平均值,以下简称平均值)U_d、相应的额定直流电流(平均值)I_d 以及电压纹波因数 S。

额定直流电压 U_d 是指一个周期内输出电压 $u(t)$ 的平均值,即 $U_d = \dfrac{1}{T}\displaystyle\int_0^T u(t)\,\mathrm{d}t$,通常 $U_d \approx 0.5(U_{max} + U_{min})$。

额定直流电流 I_d 是指一个周期内输出电流的平均值,即 $I_d = U_d/R_x$。

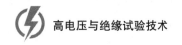

输出电压 $u(t)$ 随时间的周期性变化称为纹波,纹波幅值 $\delta U = 0.5(U_{max} - U_{min})$。

而电压纹波系数 S 可表示为

$$S = \delta U / U_d \tag{1.2-1}$$

与电力电子技术中低压直流设备相比,直流高压试验装置的主要特点是电压高(从数万伏到数百万伏)、电流小(通常为数毫安至数十毫安,个别情况地,例如绝缘子的湿闪试验约需数十毫安,污闪试验约需数百毫安)和持续运行时间较短。我国国家标准 GB/T 16927.1 规定,直流高压试验装置的纹波因数 $S \leqslant 3\%$,其试验电压(算术平均值)应保持在规定值的 $\pm 1\%$ 以内。

如图 1.2-1(b)所示,在时间 t_1 内,整流元件 D 导通,变压器 T 通过 D 向 C 充电,同时向试品 R_x 放电。设在 t_1 时间内电源向 R_x 送出电荷 ΔQ,同时向 C 送出电荷 Q_2,即总共送出电荷 $Q_1 = Q_2 + \Delta Q$。 在时间 t_2 内,整流元件 D 截止,电容器 C 向试品 R_x 放电,其放掉的电荷应由在 t_1 时间内,变压器 T 通过 D 向 C 充电的电荷来补偿,因为这样才能保证输出电压 U_d 的数值和波形是稳定不变的。这样在整个周期 T 内,R_x 总共得到电荷 $Q_1 = Q_2 + \Delta Q$,因此直流电流(平均值)为

$$I_d = Q_1 / T \tag{1.2-2}$$

而电压纹波幅值 δU 为

$$\delta U = Q_2 / (2C) \tag{1.2-3}$$

由于纹波系数比较小,时间常数 $R_x C$ 比较大,则 $t_1 \ll t_2$,$\Delta Q \ll Q_2$,所以 $Q_1 \approx Q_2$,δU 可近似表示为

$$\delta U \approx Q_1 / (2C) = I_d T / (2C) = I_d / (2fC) \tag{1.2-4}$$

纹波系数 S 为

$$S = \delta U / U_d = I_d / (2fC) / U_d = 1 / (2fCR_x) \tag{1.2-5}$$

由式(1.2-5)可见,纹波系数 S 随着负载电流的增大而增大。通过增大滤波电容 C 或者提高充电电源的频率 f 可以成比例地减小纹波系数 S。

1.2.2 全波整流电路

在半波整流电路中,充电电源只能在正半波或负半波整流充电。如果能使充电电源在正半波和负半波都能整流充电,则输出电压的纹波会明显减少。如图 1.2-2 和图 1.2-3 所示的全波整流电路能达到此目的。

在图 1.2-2(a)中,当交流电压为正半波形时,整流元件 D_1 导通;当交流电压为负半波时,D_2 导通。这样,输出电压的波形如图 1.2-2(b)所示。

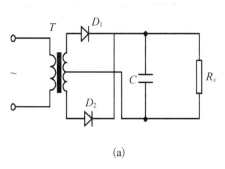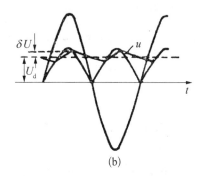

(a)　　　　　　　　　　　　　　(b)

图 1.2‑2　全波整流电路

(a) 电路图;(b) 输出电压波形图

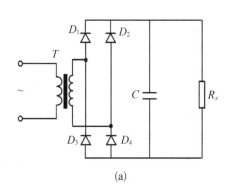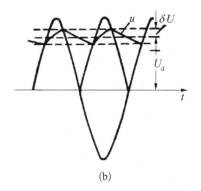

(a)　　　　　　　　　　　　　　(b)

图 1.2‑3　桥式全波整流电路

(a) 电路图;(b) 输出电压波形图

　　如图 1.2‑3(a)所示的电路称为桥式整流电路,当交流电压为正半波时,整流元件 D_1 和 D_4 导通;当交流电压为负半波时,D_2 和 D_3 导通。输出电压波形如图 1.2‑3(b)所示。

　　这两种全波整流电路各具有如下特点。

　　(1) 在图 1.2‑2 中,输出直流电压约为充电变压器高压绕组电压幅值的一半,而在图 1.2‑3 中,则等于高压绕组的电压幅值。这两种电路中,充电变压器的高压绕组都采用双套管输出。

　　(2) 图 1.2‑2 中采用两只整流元件,每只整流元件承受的反向电压近似地等于两倍输出直流电压;而图 1.2‑3 中采用四只整流元件,每只整流元件承受的反向电压近似地等于输出直流电压。

1.2.3　倍压整流电路

　　半波和全波整流电路能获得的最高直流电压等于充电电源交流电压的幅值 $\sqrt{2}U_T$,然而如果采用倍压整流电路则可获得的最高直流电压等于 $2\sqrt{2}U_T$。倍压整流电路有两种接线方式,如图 1.2‑4 和图 1.2‑5 所示。

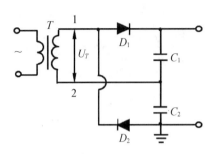

图 1.2-4　变压器两端均不接地时的倍压整流电路

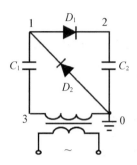

图 1.2-5　变压器一端接地的倍压整流电路

可以看出,图 1.2-4 的电路实质上是两个半波整流电路的叠加。变压器 T 的高压绕组两端都对地具有高的绝缘水平,其中点 1 的电位波动在 $0 \sim 2U_T$ 之间;点 2 的电位波动处于 U_T 的电位。所以尽管高压绕组两端(点 1 和点 2 之间)的电压为 U_T,直流电压可达 $2\sqrt{2}U_T$,高压绕组对低压绕组之间的最高压差仍然高达 $2U_T$。 所以图 1.2-4 的倍压整流电路节省绝缘的特点不明显。若改成点 2 接地,则可以采用普通的高压绕组一点接地的试验变压器,但直流电压的输出端是正负对称的高电压,这种倍压整流电路并不能适应多数情况的使用要求。所以,如图 1.2-5 所示的倍压整流电路优点更为突出。

如图 1.2-5 所示为常用的倍压整流电路,变压器绕组的一点是接地的,倍压整流电路的一端也是接地的。此电路产生倍压的过程简述如下:当变压器 T 的高压绕组端点 3 相对于点 0 的电压为负时,D_2 导通,使电容 C_1 充电,充电稳定后点 1 相对于点 3 建立起 $\sqrt{2}U_T$ 的电压;当点 1 相对于点 0 为正时,D_2 截止;在点 1 相对于点 2 为正时,D_1 导通。充电稳定时,由于点 3 相对于点 0 的最高电压可达 $+\sqrt{2}U_T$,且点 1 相对于点 3 已充有 $+\sqrt{2}U_T$ 的电压,所以点 1 的对地电压最高可达 $+2\sqrt{2}U_T$,此时 D_1 导通,最终可使 C_2 充上 $2\sqrt{2}U_T$ 的电压。此倍压整流电路空载时各点的电位变化如图 1.2-6 所示。由图 1.2-6 可见,C_1 两端的电压为 $\sqrt{2}U_T$,C_2 两端的电压为 $2\sqrt{2}U_T$,D_1 及 D_2 所要承受的最大反压各为 $2\sqrt{2}U_T$。

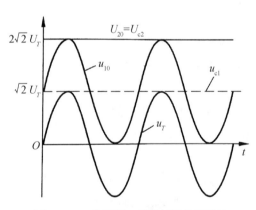

图 1.2-6　变压器一端接地的倍压整流
电路各点电压波形图

当如图 1.2-5 所示倍压整流电路的输出端接有负载 R_x 时,也有压降及电压脉动的问题。如图 1.2-7 所示,若令每周期内流经 R_x 的电荷为 Q_1,则流经 R_x 的平均电流 $I_d = fQ_1 \approx u_{20}/R_x$。 流经 R_x 的电荷 Q_1 分两部分,一部分为 C_2 放电时输出的电荷 Q_2,另一部分为 C_1 向 C_2 充电同时也向负载输出的电荷 ΔQ。 但无论是 Q_2 还是 ΔQ 都是由 C_1 送出的,故 C_1 在每一周期内要输出的电荷 $Q_1 = Q_2 + \Delta Q$。 在无负载时,点 1 电位最高能达 $2\sqrt{2}U_T$;但

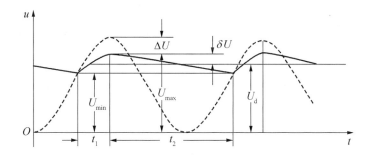

图 1.2‐7　变压器一端接地的倍压整流电路输出电压波形图

在有负载时，C_1 每周期向 C_2 充电时要输出电荷 Q_1，故点 1 的电位不可能达到 $2\sqrt{2}U_T$，而要降低 Q_1/C_1，所以 C_2 充电所能达到的最高电位为

$$U_{20M}=2\sqrt{2}U_T-Q_1/C_1=2\sqrt{2}U_T-I_d/(fC_1)$$

从上述分析可看出，有负载时的输出电压的最大值比无负载时的低，两者的差值（即压降）以 ΔU 表示，则

$$\Delta U=2\sqrt{2}U_T-U_{20M}=Q_1/C_1=I_d/(fC_1) \tag{1.2‐6}$$

每周期内，C_1 只在很短时间 t_1 内向 C_2 充电，给 C_2 以电荷 Q_2，同时给负载以电荷 ΔQ。也只在此时间内 C_2 上的电压按指数函数上升，点 2 的最高电位为 U_{20M}。过此时间后硅堆 D_1 不通，C_2 上的电荷要向 R_x 流出，点 2 电位按指数函数下降，到该周期末点 2 电位最低。在这个放电时间间隔 t_2 内放出的电荷为 Q_2，此时点 2 的最低电位 U_{20m} 为

$$U_{20m}=U_{20M}\exp(-t_2/\tau_2)=[2\sqrt{2}U_T-I_d/(fC_1)]\exp(-t_2/\tau_2)$$
$$=2\sqrt{2}U_T-I_d/(fC_1)-Q_2/C_2$$

所以

$$Q_2/C_2=[2\sqrt{2}U_T-I_d/(fC_1)][1-\exp(-t_2/\tau_2)]$$

式中，$\tau_2=R_xC_2$。

输出电压也是有波动的直流电压，此波动电压的最大值和最小值之差以 δU_Σ 表示，则

$$\delta U_\Sigma=U_{20M}-U_{20m}=Q_2/C_2=[2\sqrt{2}U_T-I_d/(fC_1)][1-\exp(-t_2/\tau_2)]$$

一般情况下 t_1 很小，$t_2\approx1/f$，$Q_2\approx Q_1$，故 δU_Σ 可近似地表示如下：

$$\delta U_\Sigma\approx Q_1/C_2=I_d/(fC_2)$$

一般情况下，$C_1=C_2$，所以 δU_Σ 和压降 ΔU 近似相等。

输出电压的纹波幅值为

$$\delta U = \delta U_\Sigma / 2 = I_d / (2fC_2) \qquad (1.2-7)$$

从式(1.2-6)及式(1.2-7)可看出，ΔU 和 δU 均随负载电流的增大而增大，随电源频率及电容器的电容量的增大而减小；输出电压在 $2\sqrt{2}U_T - \Delta U$ 及 $2\sqrt{2}U_T - \Delta U - \delta U_\Sigma$ 之间变动。若以 ΔU_a 表示倍压电路无负载时的端电压与有负载时平均电压 U_a 间的差值，则

$$U_a = (U_{20M} + U_{20m})/2 = 2\sqrt{2}U_T - (\Delta U + \delta U) = 2\sqrt{2}U_T - 3I_d/(2fC_2) \qquad (1.2-8)$$

$$\Delta U_a = \Delta U + \delta U = 3I_d/(2fC_2) \qquad (1.2-9)$$

必须指出的是，式(1.2-8)中的 U_a 和通常讲的直流高压装置的额定输出电压平均值 U_d 略有不同。U_d 是指在一个周期内输出电压的算术平均值（或平均值），它和输出电压的脉动波形有关；而 U_a 是指一个周期内输出电压最大值和最小值两者的平均值。由于电压的脉动波形是指数形，而充电时间一般是很短的，因此 U_a 常略大于 U_d，但显然相差是很小的，在工程上可近似地看作相等。

倍压电路的纹波因数和半波电路一样为

$$S = \delta U / U_d = I_d/(2fC)/U_d = 1/(2fCR_x) \qquad (1.2-10)$$

1.2.4　串级直流高压发生器

在倍压整流电路中，空载时可获得 $2\sqrt{2}U_T$ 的直流电压。如果以此为基本单元串联成 n 级，空载时可以获得 $2n\sqrt{2}U_T$ 的直流电压，如图 1.2-8 所示。

n 级串级直流高压发生器接上负载 R_x 后，将有电流 I_d 流过负载，其输出电压波形如图 1.2-9 所示。从正半波某一瞬间 t_0 开始，随着交流电源电压的上升，交流电源电压加各左柱电容器 $C_1' \sim C_n'$ 上的电压，使得左柱 $1' \sim n'$ 各点的电位分别高于右柱 $1 \sim n$ 各点的电位，$D_1 \sim D_n$ 各整流元件导通，交流充电电源和左柱各电容器 $C_1' \sim C_n'$ 一方面向各右柱电容器 $C_1 \sim C_n$ 充电，补充 $C_1 \sim C_n$ 在前一周期内放掉的电荷，另一方面同时对负载供给电荷，直到瞬间 t_1。所以在 $t_0 \sim t_1$ 期间，$C_1' \sim C_n'$ 上的电压以较快的速度下降，而 $C_1 \sim C_n$ 上的电压和输出电压则以较快的速度上升。

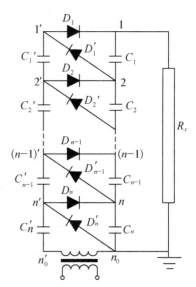

图 1.2-8　n 级串级直流高压发生器原理图

在 t_1 以后，随着交流电源电压的下降，在 $1' \sim n'$ 各点的电位分别低于 $1 \sim n$ 各点的电位，但高于 $2 \sim n$ 和 n_0 各点的电位时，$D_1 \sim D_n$ 和 $D_1' \sim D_n'$ 各整流元件皆不导通，左柱电容器 $C_1' \sim C_n'$ 停止向右柱电容器 $C_1 \sim C_n$ 充电，$C_1 \sim C_n$ 开始对负载供给电荷，直到瞬间 t_2。

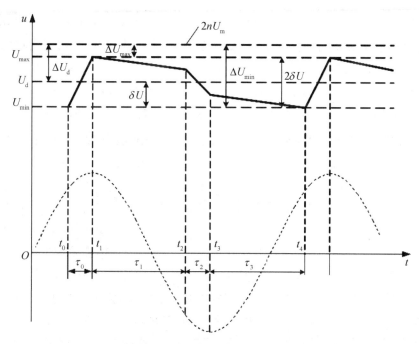

图 1.2‐9 串级直流高压发生器接有负载后的输出电压波形图

在 $t_1 \sim t_2$ 期间,$C'_1 \sim C'_n$ 上的电压维持不变,而 $C_1 \sim C_n$ 上的电压和输出电压则以较慢的速度下降。

在 t_2 以后,随着交流电源电压的继续下降,$1' \sim n'$ 各点的电位分别低于 $2 \sim n$ 和 n_0 各点的电位。$D'_1 \sim D'_n$ 各整流元件导通,右柱电容器 $C_1 \sim C_n$ 一方面继续对负载供给电荷,另一方面交流充电电源和右柱电容器 $C_2 \sim C_n$ 向左柱电容器 $C'_1 \sim C'_n$ 充电,补充 $C'_1 \sim C'_n$ 在 $t_0 \sim t_1$ 期间放掉的电荷,直到瞬间 t_3。在 $t_2 \sim t_3$ 期间,$C'_1 \sim C'_n$ 上的电压以较快的速度上升,而 $C_1 \sim C_n$ 上的电压和输出电压则以较快的速度下降。

在 t_3 以后,交流充电电压又重新上升,$1' \sim n'$ 各点的电位分别高于 $2 \sim n$ 和 n_0 各点的电位,但低于 $1 \sim n$ 各点的电位,$D'_1 \sim D'_n$ 和 $D_1 \sim D_n$ 各整流元件皆不导通,交流充电电源和右柱电容器 $C_2 \sim C_n$ 停止向左柱电容器 $C'_1 \sim C'_n$ 充电,但 $C_1 \sim C_n$ 继续对负载供给电荷,直到瞬间 t_4。在 $t_3 \sim t_4$ 期间,$C'_1 \sim C'_n$ 上的电压维持不变,而 $C_1 \sim C_n$ 上的电压和输出电压则以较慢的速度下降。

在 t_4 以后的过程与 t_0 以后的过程相同,如此不断地循环下去。

若一个循环内流经负载的电荷为 Q_1,其中一部分电荷 Q_2 是由右柱电容器供给的,另一部分电荷 ΔQ 是由左柱电容器直接供应的,平均负载电流为 $I_d = Q_1/T = fQ_1$。

在时间 $t_1 \sim t_4$ 内负载获得电荷 Q_2 时,右柱电容器 $C_1 \sim C_n$ 都失去电荷 Q_2。在时间 $t_0 \sim t_1$ 内左柱电容器向负载输出电荷 ΔQ,同时向右柱补充电荷 Q_2。此时对左柱电容器 $C'_1 \sim C'_n$ 来讲,每个电容器都失去电荷 $Q_2 + \Delta Q = Q_1$;但对右柱电容器 $C_1 \sim C_n$ 来讲,每个电容器都获得电荷 Q_2。为了补偿左柱电容器失去的电荷,右柱电容器在时间 $t_2 \sim t_3$ 内经硅堆 $D'_1 \sim D'_n$

向左柱输送电荷 Q_1。此时,对左柱电容器 $C_1' \sim C_n'$ 来讲,每个电容器都获得电荷 Q_1;但对右柱电容器 $C_2 \sim C_n$ 来讲,每个电容器又失去电荷 Q_1。为了补偿右柱电容器的损失,在时间 $t_0 \sim t_1$ 内,左柱电容器经硅堆 $D_2 \sim D_n$ 还应送给右柱电荷 Q_1,使得右柱电容器 $C_2 \sim C_n$ 的每个电容器都获得电荷 Q_1。但左柱电容器 $C_2' \sim C_n'$ 又失去电荷 Q_1,显然还得由右柱在时间 $t_2 \sim t_3$ 内经硅堆 $D_2' \sim D_n'$ 向左柱补充。从上面分析已可看出左、右柱每个电容器在一个循环内的电荷收支情况是不相同的,如右柱上 C_1 在一个循环内收支各为 Q_2,C_2 在一个循环内收支各为 $Q_2 + Q_1$;又如左柱上 C_1' 在一个循环内收支各为 Q_1,C_2' 在一个循环内收支各为 $2Q_1$。如以此类推,右柱上电容器 C_k 在充电时刻获得电荷 $(k-1)Q_1 + Q_2$,而在放电时要失去电荷 $(k-1)Q_1 + Q_2$,它在一个循环内电荷收支平衡,因此可以维持输出一稳定的平均电压,其纹波可表示为 $\delta U_k = [(k-1)Q_1 + Q_2]/C_k$,右柱上电压总纹波应为每个电容器上电压纹波之和

$$\delta U_\Sigma = \sum_{k=1}^{n} \frac{(k-1)Q_1 + Q_2}{C_k}$$

若串级直流高压发生器两柱上的电容器的电容值都为 C,则

$$\delta U_\Sigma = n(n-1)I_d/(2fC) + (\tau_1 + \tau_2 + \tau_3)nI_d/C$$

因 $\tau_0 + \tau_1 + \tau_2 + \tau_3 = T = 1/f$,故

$$\delta U_\Sigma = n(n+1)I_d/(2fC) - \tau_0 nI_d/C$$

输出电压纹波幅值为

$$\delta U = \delta U_\Sigma/2 = n(n+1)I_d/(4fC) - \tau_0 nI_d/(2C)$$

通常 $\tau_0 \ll T$,故上式第二项可以忽略,则

$$\delta U \approx n(n+1)I_d/(4fC) \qquad (1.2-11)$$

从式(1.2-11)可以看出,电压脉动大致随着级数 n 的平方迅速增加,与平均输出电流成正比,与交流电源的频率和各级电容量成反比。

同理,我们可得右柱电容器上总的电压降为

$$\Delta U = \sum_{k=1}^{n} \Delta U_k = \frac{Q_1}{2C} \sum_{k=1}^{n} (n+k)(2n-2k+1) = (8n^3 + 3n^2 + n)I_d/(12fC) \qquad (1.2-12)$$

串级直流高压发生器有负载时最大输出电压平均值为

$$U_a = 2n\sqrt{2}U_T - (4n^3 + 3n^2 + 2n)I_d/(6fC) \qquad (1.2-13)$$

串级直流高压发生器的纹波因数为

$$S = \delta U/U_d = n(n+1)I_d/(4fCU_d) = n(n+1)/(4fR_xC) \qquad (1.2-14)$$

从式(1.2-14)可知减小纹波因数和增大输出的负载电流是有矛盾的,在一般情况下,串级直流高压发生器的负载电流是不大的,因此不难满足 $S\leqslant3\%$ 的要求。但当要求负载电流较大时,例如开展超高压直流输电研究工作时,就要考虑到进行绝缘子的湿闪和污闪试验,此时要求串级发生器保证较小的纹波因数,就需要采取一些相应的技术措施。

为降低串级直流高压发生器输出电压的纹波,可根据发生器额定电压和电流的大小以及对纹波或电压稳定度的要求(稳定度高对纹波要求也高)分别或同时采取以下措施。

(1) 提高每级电容器的工作电压以减小级数 n,这主要会受到电容器额定工作电压的限制。

(2) 增加每级电容器的电容量 C,这会受电容器额定电容量和发生器结构尺寸的限制。

(3) 采用对称回路或三相回路。

(4) 提高供电频率 f,一般可选用数千至数万赫兹的频率供电。

1.2.5　直流高压的测量

测量直流高压的方法很多,目前常用的有下列几种:测量间隙、静电电压表和分压器测量系统。

1) 测量间隙

测量直流高压的空气间隙有棒-棒空气间隙(简称棒间隙)和测量球间隙。在国家标准 GB/T 311.6—2005《高电压测量标准空气间隙》中,对直流高压的测量推荐使用棒间隙。两个棒电极布置在同一轴线上,如图 1.2-10 所示。

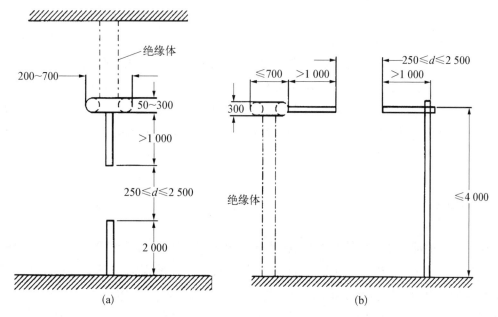

图 1.2-10　棒间隙布置图(单位：mm)

(a) 垂直布置;(b) 水平布置

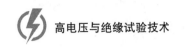

按照国家标准的规定使用时,在标准参考大气条件,在正或负直流电压下,垂直或水平布置的棒–棒空气间隙的放电电压 U_0 由下式给出:

$$U_0 = 2 + 0.534d \qquad (1.2-15)$$

式中,U_0 为间隙的放电电压,单位为千伏;d 为隙距离,单位为毫米。

式(1.2-15)的适用范围为 250 mm $\leq d \leq$ 2 500 mm,空气湿度/相对密度 (h/δ) 范围为 $1\sim13$ g/m³。由式(1.2-15)计算得到的 U_0,当置信水平不低于 95% 时,其估计的扩展不确定度为 3%。

测量球间隙也可以用来测量直流高压的最大值,其详细原理请见 1.1.5 节第 1 小节。

2) 静电电压表

用静电电压表可以测量直流高压的有效值,一般情况下可以认为有效值和平均值相等,即认为静电电压表所测得的是直流高压的平均值。静电电压表的详细原理请见 1.1.5 节第 2 小节。

3) 分压器测量系统

测量直流高压的分压器测量系统由高阻值的电阻分压器和高输入阻抗的低压表组成。根据低压表的功能不同,可以测量直流电压的算术平均值、有效值和最大值。也可用高阻值电阻串联直流毫安表测量平均值。上述两种系统是比较方便又常用的测量系统。分压器的详细原理请见 1.1.5 节第 3 小节。

1.3　冲击电压的产生与测量

电力系统中的高压电气设备除了承受长期的工作电压(交流电压或直流电压)外,在运行过程中还可能承受短时的雷电压和操作过电压的作用。冲击电压试验就是用来检验各种高压电气设备在雷电压和操作过电压作用下的绝缘性能或保护性能的。

雷电冲击电压试验采用冲击电压全波波形或冲击电压截波波形,其持续时间较短;操作冲击电压试验采用操作冲击电压波形,其持续时间较长。雷电冲击电压波和操作冲击电压波一般都是由冲击电压发生器产生。

1.3.1　冲击电压波形

电气设备的冲击绝缘性能与冲击电压波形有密切的关系。为了比较试验结果和研究电气设备的绝缘强度,必须统一冲击电压波形。IEC 规定了标准雷电冲击全波及截波波形和标准操作冲击电压波形,分别如图 1.3-1、图 1.3-2 和图 1.3-3 所示。其中,T 为试验电压曲线峰值的 30% 和 90%(即图 1.3-1 中的点 A 和点 B)之间的时间间隔,T' 为从视在原点 O' 到点 A 的时间间隔,T_d 为冲击电压超过最大值 90% 的时间间隔。

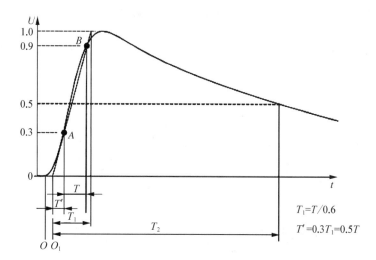

$T_1 = T/0.6$

$T' = 0.3T_1 = 0.5T$

图 1.3-1　雷电冲击全波波形

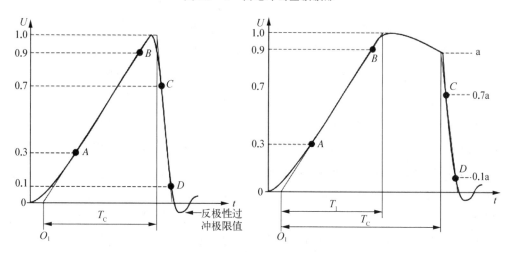

T_C—截断时间；T_2—半峰值时间

图 1.3-2　雷电冲击截波波形

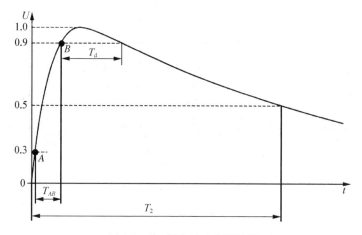

图 1.3-3　操作冲击电压波形

标准雷电冲击电压是指波前时间 T_1 为 1.2 μs、半波峰值时间 T_2 为 50 μs 的光滑雷电冲击全波,表示为 1.2/50 μs 冲击。标准雷电冲击电压的容差如下:峰值的容差不高于 ±3%、波前时间的容差不高于 ±30%、半峰值时间的容差不高于 ±20%。过冲和峰值附近的振荡是容许的,相对过冲最大幅值不高于 10%。

标准雷电冲击截波是指截断时间 T_C 为 2～5 μs 被外部间隙截断的标准冲击。

标准操作冲击是到峰值时间 T_p 为 250 μs、半峰值时间 T_2 为 2 500 μs 的冲击电压,表示为 250/2 500 μs 冲击。标准操作冲击的容差如下:峰值的容差不高于 ±3%、波前时间的容差不高于 ±20%、半峰值时间的容差不高于 ±60%。

1.3.2 冲击电压发生器的基本原理

冲击电压发生器是用马克思(Marx)回路来实现的,如图 1.3 - 4 所示。试验变压器 T 和高压硅堆 D 构成整流电源,经过保护电阻 r 及充电电阻 R 向主电容器 C_1～C_4 充电,电压充至 U,出现在球隙 g_1～g_4 上的电位差也为 U,若事先调整球间隙的距离使其放电电压稍大于 U,则球间隙不会放电。当需要产生冲击电压时,可向点火球隙的针极送去一脉冲电压,针极和球壳之间产生一小火花,引起点火球隙放电,于是电容器 C_1 的上极板点 1 经 g_1 接地,点 2 的电位由地电位变为 $+U$。电容器 C_1 与 C_2 间由充电电阻 R 隔开,R 阻值比较大。在 g_1 放电瞬间,由于 C' 的存在,点 3 和点 4 的电位不可能突然改变,点 3 的电位仍为 $-U$,中间球隙 g_2 上的电位差突然上升到 $2U$,g_2 马上放电,于是 4 的电位变为 $+2U$。同理,g_3、g_4 也跟着放电,电容器 C_1～C_4 便串联起来了。最后隔离球隙 g_0 也放电,此时输出电压为 C_1～C_4 上电压的总和,即 $+4U$。上述一系列过程可被概括为"电容器并联充电,而后串联放电"。由并联变成串联是靠一组球隙来达到的。要求这组球隙在 g_1 不放电时都不放电,一旦 g_1 放

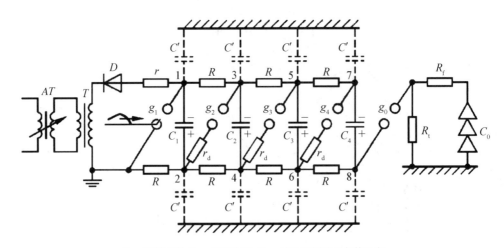

R_f—波前电阻;R_t—波尾电阻;C_0—试品及测量设备等电容。

图 1.3 - 4　冲击电压发生器基本回路

电,则顺序逐个放电。若能满足这个条件,称为球隙同步好,否则就称为同步不好。R 在充电时起连接电路的作用,在放电时又起隔离作用。在球隙同步动作时,放电回路改变成如图 1.3－5 所示的形式。

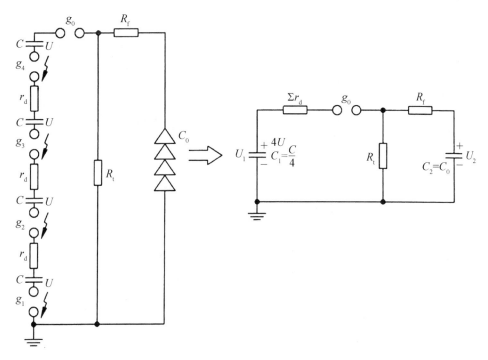

图 1.3－5　冲击电压发生器串联放电时的等效回路

图 1.3－5 中 C_1 原有电压＋4U,C_2 原来无电压,当 g_0 放电,C_1 向 C_2 充电,C_2 上将产生电压,同时 C_1 上的电压将下降。当 C_2 上的电压 U_2 从零上升到 U_{2max} 时,它与此时 C_1 上电压 U_1 相等,不可能再上升。由于两者都将经 R_t 放电,最后都将降到零。U_2 的曲线如图 1.3－6 所示。上升部分的快慢与 R_f 有关,下降部分的快慢与 R_t 有关。若 R_f 小,则上升快;若 R_t 大,则下降慢。

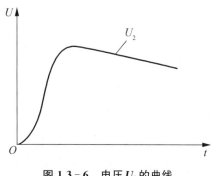

图 1.3－6　电压 U_2 的曲线

如图 1.3－7 所示的电路采用了两个半波的倍压整流充电方式。发生器的动作原理基本上与如图 1.3－4 所示的回路相同。与图 1.3－4 相比较,图 1.3－7 中的中间球隙所跨接的电容器台数增加了一倍。若将中间球隙数计为级数,则有利于级数之减少。对充电用交流试验变压器来说,正负两个半波在充电时都发挥了作用。在相同交流充电电压下,直流输出电压增加了一倍。不过 1.3－7 中球隙 g_2 在动作时的过电压倍数要比图 1.3－4 中的 g_2 低。为了克服这一缺点,直流充电部分可改为对地的倍压回路(见图 1.2－4 和图 1.2－5),此时在电容 C_2 的下极板处直接接地。

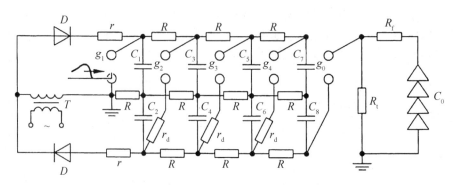

图 1.3-7　双边充电的冲击电压发生器回路

目前常用的一种回路如图 1.3-8 所示。

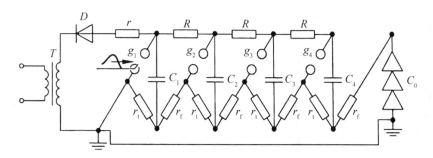

图 1.3-8　冲击电压发生器高效率回路

这种回路的每级波前电阻 r_f 和每级波尾电阻 r_t 被分散放在各级小回路内,没有专用的 r_d,也可以没有隔离球隙 g_0。该回路只有一边有充电电阻 R,另一边的 r_f 和 r_t 兼做充电电阻。这种回路的动作原理与前两种一样,只是串联放电后的等效回路略有不同,如图 1.3-9 所示。

图 1.3-9 的右图中 u_2 的峰值差不多可达 U_1。在图 1.3-5 中,由于阻尼电阻 $\sum r_d$ 和放电电阻 R_t 构成了分压回路,其输出电压 U_2 的峰值略低于 U_1。在相同的充电电压下,如图 1.3-8 所示的回路的输出电压略高,故被称为高效率回路。在此种回路中,因为电容一侧的电阻远小于电阻 R 值,会使动作时球隙 g_2 上的过电压持续时间大为缩短。

冲击电压发生器的几项技术特性指标如下。

(1)发生器的标称电压。

发生器的标称电压为发生器每级主电容的额定充电电压值与级数的乘积,一般为几百千伏至几千千伏。

(2)发生器的标称能量。

发生器的标称能量为发生器主电容在标称电压下的总储存能量,一般为几十千焦至几百千焦。

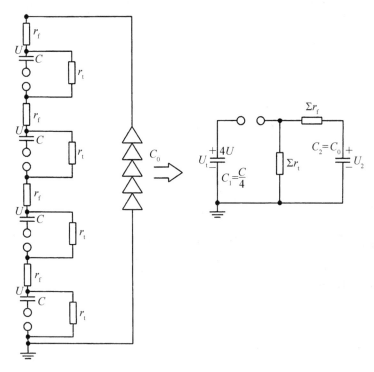

图 1.3‑9　高效回路串联放电的等效图

（3）发生器的效率。

发生器的效率为发生器输出电压 u_2 的峰值与各级实际充电电压值的总和之比。在下面的计算中，以符号 η 表示效率。

1.3.3　冲击电压发生器放电回路分析

冲击电压发生器放电等效回路如图 1.3‑10 所示。对于高效率回路，只要令 $R_d=0$ 即可。图中若各阻容值及 C_1 上的充电电压值 U_1 已知，就可以通过电路理论，求解出试品 C_2 上的电压 $U_2(t)$。图 1.3‑10 的电路其拉普拉斯等效电路如图 1.3‑11 所示。其中，s 为拉氏变换中的复变量。

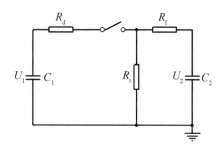

图 1.3‑10　放电等效回路

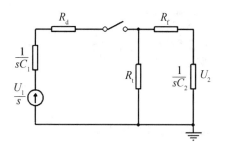

图 1.3‑11　拉普拉斯等效电路

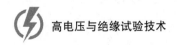

通过电路理论,可求出

$$U_2(s) = U_1 d(s^2 + as + b) \tag{1.3-1}$$

式中

$$\begin{cases} b = 1/[C_1 C_2 (R_d R_f + R_d R_t + R_f R_t)] \\ a = b[C_1(R_d + R_t) + C_2(R_t + R_f)] \\ d = R_t C_1 b \end{cases}$$

经过反变换后得

$$U_2(t) = U_1 \xi [\exp(s_1 t) - \exp(s_2 t)] \tag{1.3-2}$$

式中,ξ 称为回路系数,它的大小与所采用的回路参数有关。s_1 和 s_2 为方程 $s^2 + as + b = 0$ 的两个根,即 $s_1 s_2 = b$,$s_1 + s_2 = -a$。

经过推导,可以得到

$$\xi = d/(s_1 - s_2) = R_t C_1 s_1 s_2/(s_1 - s_2) \tag{1.3-3}$$

令 $\mathrm{d}u_2/\mathrm{d}t = 0$,可求得 u_2 达到峰值 U_{2m} 的时刻 T_m,即

$$s_1 \exp(s_1 T_m) - s_2 \exp(s_2 T_m) = 0 \tag{1.3-4}$$

$$T_m = \ln(s_1/s_2)/(s_2 - s_1) = \ln(s_1/s_2)/[s_2(1 - s_1/s_2)] \tag{1.3-5}$$

因此,可得出

$$U_{2m} = U_1 \xi [\exp(s_1 T_m) - \exp(s_2 T_m)] = U_1 \xi \xi_0 \tag{1.3-6}$$

式中,ξ_0 称为波形系数。而发生器放电时的效率为

$$\eta = U_{2m}/U_1 = \xi \xi_0 \tag{1.3-7}$$

若输出电压 u_2 的峰值为单位值,则标准雷电冲击电压可用下式表示:

$$U_2(t) = 1.037\ 25[\exp(-0.014\ 659t) - \exp(-2.468\ 9t)] \tag{1.3-8}$$

对于式(1.3-2),$|s_2| \gg |s_1|$,即波前时间基本取决于公式的后一项,而半峰值时间更大程度上取决于前一项。

通过一系列推导可得波前时间 T_1、半峰值时间 T_2 如下:

$$T_1 = 3.24(R_d + R_f)C_1 C_2/(C_1 + C_2) \tag{1.3-9}$$

$$T_2 \approx 0.693(R_d + R_t)(C_1 + C_2) \tag{1.3-10}$$

回路的效率也可近似地表达为

$$\eta \approx [C_1/(C_1 + C_2)][R_t/(R_d + R_t)] \tag{1.3-11}$$

以上分析中略去了回路电感,其实回路电感不可避免,它将影响波形,严重时可能引起振荡,轻微时只改变波形参数。在实践中发现式(1.3-10)比较符合实测半峰值,式(1.3-9)与实测波前值有差别,该差别就是由回路电感所致。假如把回路电感 L 考虑进去,在临界阻尼条件下有

$$U_2(t) = \frac{C_1 C_2}{C_1 + C_2} U_1 \left[1 - \left(1 + \frac{R}{2L} t \right) \exp \left(-\frac{R}{2L} t \right) \right] \tag{1.3-12}$$

式中

$$C = C_1 C_2 / (C_1 + C_2)$$

$$R = (R_d + R_f) = 2 (L/C)^{1/2}$$

令 $\tau_2 = RC$,且考虑 $U_{2m} = \dfrac{C_1 U_1}{C_1 + C_2}$,得输出电压

$$U_2(t) = U_{2m} \left[1 - \left(1 + \frac{2t}{\tau_2} \right) \exp \left(-\frac{2t}{\tau_2} \right) \right] \tag{1.3-13}$$

输出波形的波前时间

$$T_1 = 2.327\tau_2 = 2.327(R_d + R_f)C_1 C_2 / (C_1 + C_2) \tag{1.3-14}$$

将式(1.3-14)与前面未考虑电感 L 作用的式(1.3-9)的结果相比较可以看出,回路内的电感使波前时间有所缩短。这是由于回路电感虽在隔离球隙 g_0 放电后的初瞬时刻不让电流发生突变,使 U_2 上升平缓,但一旦电流导通到一定值,电感 L 会在一段时期内促使电流上升较快,即在相当一段时间之内,使电压波前较为陡化并较早到达峰值 U_{2m},波前时间 T_1 也可缩短。

1.3.4 冲击电压发生器的充电回路

冲击电压发生器的充电方式有恒压充电和恒流充电两种。

1) 恒压充电

冲击电压发生器的恒压充电回路大致有如图 1.3-12 所示的几种形式。

如图 1.3-12(a)所示为单边充电回路。R 是充电电阻;r 是保护电阻;RD 是个大电阻,它与微安表串联起来可以测量电容器上的充电电压。试验变压器接地端经一毫安表接地,可以测量充电电流。微安表与毫安表都旁接一保护间隙,以防止若仪表损坏时控制桌上出现高电压。充电电阻是逐个串接起来的,在放电时每个充电电阻上的电压不超过电容器上的充电电压,结构比较简单。但这样做有一个缺点:每个电容器的充电时间不一样,当首端电容器充满电时,末端电容器上还没有充满。为使电容器上充电比较均匀,一般选用阻值比 R 大一个数量级的保护电阻 r,使保护电阻不仅起到保护整流装置的作用,还起到均压的作

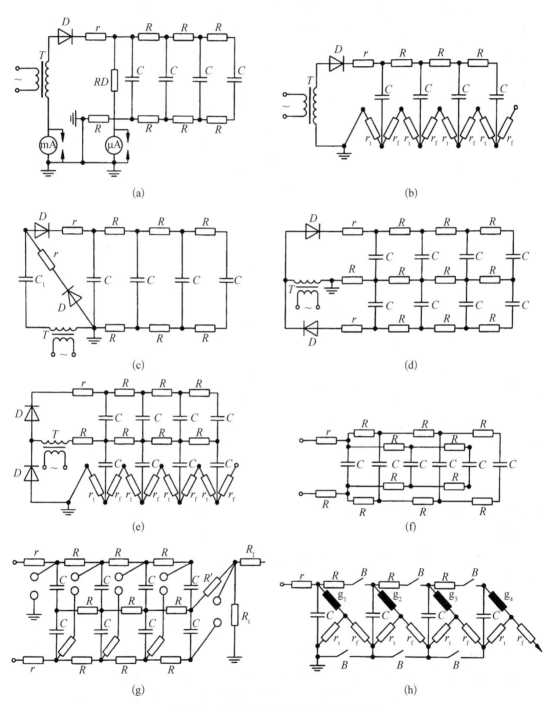

图 1.3 - 12 高效回路串联放电的等效图

(a) 单边充电回路；(b) 高效率回路中的单边充电回路；(c) 单边倍压充电回路；(d) 双边充电回路；(e) 高效回路中的双边充电回路；(f) 多路充电回路；(g) 一种带隔离球隙的充电回路；(h) 一种带开关的充电回路

用。如图 1.3-12(b)所示为高效率回路中的充电回路,它利用波前电阻 r_f 和波尾电阻 r_t 构成充电回路,对雷电冲击波来说,r_f 和 r_t 都比 R 小得多,所以整个回路的充电时间较如图 1.3-12(a)所示回路的短。有时如试验变压器的输出电压不足以使电容器充满电,则可用如图 1.3-12(c)所示的回路,变压器的输出电压只要有电容器 C 额定电压的一半就够了。如图 1.3-12(d)所示为双边充电回路,比起单边充电回路,其级数不增加,充电时间不增加,输出电压可增加一倍。如图 1.3-12(e)所示为高效回路中的双边充电回路,它的充电变压器高压绕组两端都处在高电位,绝缘结构应是特殊的。若充电变压器高压绕组一端接地,可改用如图 1.3-12(c)所示的倍压充电电路。当发生器标称电压越高,级数越多,充电不均匀性的矛盾就越尖锐,此时可采用多路充电的方式[见图 1.3-12(f)]来解决,但这种做法会使结构变得比较复杂。如图 1.3-12(g)所示的回路中每台电容器的充电时间是基本一样的,但在隔离球隙动作之前,出现在旁接电阻 R' 上的电压是很高的。在分析放电回路时可看出,当中间球隙动作后,主电容器是可以经过充电电阻放电的。如希望充电电阻不影响主回路的放电效率,则要求经过充电电阻放电的时间常数为主回路放电时间常数的 10~20 倍。雷电冲击波的波长较短,当充电电阻在 10^4 Ω 数量级时,就可满足这个要求。操作冲击波的波长较长,如要满足此要求,将使充电时间变得很长,充电很不均匀,从而使效率降低,为此有人采用如图 1.3-12(h)所示的回路。图中各级 g 为球间隙;B 为气动开关,充电时合上,放电时断开。冲击试验时,由于放电次数很多,对此开关的要求是很高的。

2) 恒流充电

随着高功率脉冲技术的发展,有些标称能量大或者充放电次数频率高的冲击电压发生器就必须要采用恒流充电方式为主电容充电。恒流充电时,充电电流的大小始终如一,可避免恒压充电情况下初始充电电流很大的缺点,故而电容器上的充电电压的上升速度是均匀的,充电较快。在直流电压下对电容恒压充电,充电电流先大后小,按指数规律衰减,充电电压的上升先快后慢,充电的持续时间很长。在用整流器整流充电时,充电的持续时间更长。改用恒流充电方式后,充电时间就大为缩短。

恒流充电电源是在高压整流装置前装上一个恒流变换器来实现的。此变换器一般是由电感 L 和电容 C 以适当的参数和方式连接而成。$L-C$ 变换器作为一个二端口网络(见图 1.3-13)可以找出它的两个端口处的电压、电流,亦即输入和输出之间的相互关系,这种相互关系可以通过一些参数来表示。这些参数只决定于构成二端口网络本身的元件及它们的连接方式。所用的参数之一为 T 参数(又称为 A 参数)。根据如图 1.3-13 所示的电路,输入与输出之间的关系式可写为

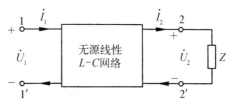

图 1.3-13　无源线性二端口网络

$$\begin{cases} \dot{U}_1 = A\dot{U}_2 + B\dot{I}_2 \\ \dot{I}_1 = C\dot{U}_2 + D\dot{I}_2 \end{cases} \tag{1.3-15}$$

式中，A 为开路电压转移参数，B 为短路转移阻抗，C 为开路转移导纳，D 为短路电流转移参数。

将 $\dot{U}_2 = \dot{I}_2 Z$ 代入式(1.3-9)可得

$$\dot{I}_2 = \dot{U}_1 / (AZ + B) \qquad (1.3-16)$$

式中，Z 为负载阻抗。

若 $A = 0$，则有

$$\dot{I}_2 = \dot{U}_1 / B \qquad (1.3-17)$$

式中，B 为短路转移阻抗，它取决于电路的结构和参数。所以在一定的电压 $\dot{U}_1$ 下，输出电流值 $\dot{I}_2$ 与负载阻抗不相关。若组成的 L-C 变换器正好能满足这个要求，则可以通过它来实现恒流充电的目标。

1.3.5　冲击电压发生器的结构和同步

冲击电压发生器是靠电容器串联放电来获得高电压的。由于每台电容器有不同的电位，应该按照电位来把电容器分布在相应的位置上，电容器和地之间、电容器相互之间都应保持一定的绝缘距离，所以标称电压越高，冲击电压发生器的结构越复杂，高度也越高。电容器的形式常常是冲击电压发生器结构形式的决定性因素。冲击电压发生器的结构大致可分为阶梯式、塔式、柱式和圆筒式四种。

阶梯式冲击电压发生器由于连线长、回路大、电感大、技术性能差且占地大，现已不再采用。

塔式冲击电压发生器的结构是竖立的多层绝缘台，逐层放置电容器，如图 1.3-14(a)所示。塔式结构的柱子按结构高低、承重大小可采取三柱、四柱，甚至更多柱子。一般的塔式结构都是从地面竖立起来，但在特殊条件下，有从屋顶悬垂下来的多层绝缘台。后者对建筑有较高要求，但在地面可腾出较大的工作面。塔式结构中电容器被重叠布置在一条垂直线上，不少垂直空气间隙被电容器本体所占用，使结构高度较高。在多柱结构中，常把电容器分布在各柱上，盘旋上升，使在一根垂线上的电容器个数减少，从而降低结构高度。塔式结构占地小，高度适中，拆装检修方便，是目前较多采用的一种结构。

柱式冲击电压发生器把绝缘壳的电容器和相同直径的绝缘筒交换叠装成柱状。柱子根数可以为单根，也可以为多根，如图 1.3-14(b)所示。柱式结构利用电容器外壳作为绝缘柱的一部分，结构比较紧凑，外表比较美观。但这种结构要求电容器必须是绝缘壳的，而且尺寸必须合适。如电容器太长太细，组装出来的冲击电压发生器的结构就会太高，强度不够。用于柱式结构的电容器多半是特制的，从已有产品中不一定能找到合适的电容器。柱式结构的另一缺点是，当要撤换底下的一个电容器时必须拆掉整个柱子。但如有合适尺寸的电

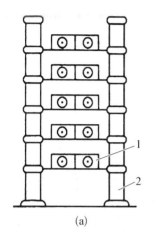
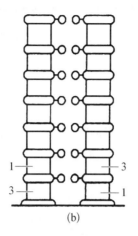
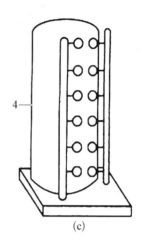

| (a) | (b) | (c) |

1—电容器；2—绝缘支架；3—空绝缘筒；4—内装电容器的绝缘筒。

图 1.3 - 14　冲击电压发生器的典型结构图

(a) 塔式冲击电压发生器；(b) 柱式冲击电压发生器；(c) 圆筒式结构冲击电压发生器

容器，组装出来的柱式冲击电压发生器不仅外表美观，而且技术性能也是比较高的。

　　圆筒式结构冲击电压发生器把电容器布置在一大圆筒内，整个装置外形是一个大圆筒或几个叠装的大圆筒，筒内充满油，利用油间隙作为电容器间的绝缘距离，如图 1.3 - 14(c)所示。油的绝缘强度比空气高得多，所以这种结构的尺寸小，连线短，移动比较方便，外观比较美观，技术性能比较高，但这种结构的最大缺点是当一个电容器损坏时将使整个装置不能使用。通常把整个装置的电容器分装在几个大筒内，万一某个筒内出现故障，其余的筒尚可工作。这种结构的冲击电压发生器多半是由制造厂特制成套供应。

　　冲击电压发生器由并联充电变为串联放电是靠点火球隙 g_1 和中间球隙 g_2、g_3、g_4 等来完成的。充电前先把球隙距离调到其放电电压稍大于充电电压 U。当每级电容器电压充到 U 时，向点火球隙 g_1 发送一脉冲电压，g_1 点燃后，g_2、g_3、g_4 等由于出现自然过电压而逐个击穿，最后使隔离球隙击穿，这个过程称为同步。

　　冲击电压发生器的隔离球隙通常是铜或铝的空心球。球径取决于充电时的最大电压值，一般不小于在满电压充电时两球应分隔距离的 1～2 倍。固定球的零件及球杆等应避免电晕。为便于调整同步，不仅要求全部球能统一电动调节，还要求每对球有少量手动调节的可能。全部球隙应处在一条垂线上，使前一级球放电时的射线能照射到后一级球隙。

　　点火球隙的结构如图 1.3 - 15 所示，点火脉冲由专门的发生回路产生。当冲击电压发生器上的电容充好电后，可以控制点火脉冲发生回路输出一高压脉冲到点火针上，击穿点火针与点火球外壳的空气间隙，产生放电火花，从而引起主球隙击穿放电。

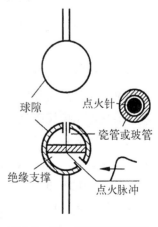

图 1.3 - 15　点火球隙结构图

球隙放电是有分散性的,大气条件、尘土、球面状态等也可能增大分散程度。为使冲击电压发生器能可靠调节,良好同步,必须使出现过电压的倍数超过球隙放电的分散范围。

1.3.6 冲击电压的测量

冲击电压,无论是雷电冲击波或是操作冲击波,都是快速或是较快速的变化过程。随着GIS装置的发展,在该装置中发生的操作冲击波是一个极快速瞬态过程,简称为快速瞬态过电压(very fast transient overvoltage, VFTO)过程。它的波形的变化过程更快,以纳秒计量。因此测量冲击高电压的仪器和测量系统必须具有良好的瞬态响应特性。一些适用于测量慢过程稳态(如直流和交流)电压的仪器和测量系统不一定适用于或根本不可能用来测量冲击高电压。冲击电压的测量包括峰值测量和波形记录两个方面。目前最常用的测量冲击高电压的方法为测量球隙、分压器测量系统和光电测量系统。

1) 测量球隙

测量球隙不仅可以用来测量交流电压和直流电压,也可以用来测量冲击电压,其详细原理请见 1.1.5 节第 1 小节。

球隙放电的分散性较小,不过在冲击电压下,一般仍要经过 2~3 次预放电以后,放电才逐渐趋向稳定值。所谓稳定值仍是在一个较小范围内的分散值,所以球隙采用 50% 放电电压值来测量冲击电压。50% 放电电压值 U_{50} 可采用多级法或升降法来确定。采用多级法时,对 m 个电压等级(相邻电压等级之间的级差为 ΔU)的每个电压等级 $U_i(i=1, 2, \cdots, m)$ 施加 $n_i(i=1, 2, \cdots, m)$ 次电压,引起 $d_i \leqslant n_i$ 次破坏性放电。其中,ΔU 约为 U_{50} 估算值的 1.5%~3%,$m \geqslant 4$,$n_i \geqslant 10$。采用升降法时,电压等级 $U_i(i=1, 2, \cdots, l)$ 施加 m 组、每组 n 次基本不变的电压,每组加压的电压水平根据前一组试验结果来确定增加或减少一个小量 ΔU。如果一组 n 次加压中没有破坏性放电发生,则电压水平增加 ΔU,否则减少同样的 ΔU。其中,ΔU 约为 U_{50} 估算值的 1.5%~3%,每级冲击次数 $n=1$,有效冲击次数 $m \geqslant 20$。

测量球隙是能直接测量冲击电压峰值的方法,但它不能测量冲击电压的波形。

2) 分压器测量系统

电压值不很高的冲击电压,如峰值不大于 50 kV,则可以通过高压探头或衰减器及通用的数字存储示波器直接进行测量。但当被测的冲击电压的峰值很高时,则必须要通过分压器测量系统来进行峰值及波形的测量。

测量冲击电压的分压器测量系统由分压器、匹配电阻、同轴电缆和数字示波器组成,如图 1.3-16 所示。其中,同轴电缆的匹配方式有首端匹配、末端匹配和两端匹配。冲击分压器可分为电阻分压器、电容分压器和阻容分压器。前两类分压器与前面讲述过的稳态电压下的分压器基本原理相似,但由于有动态特性的要求,它应尽可能做成接近无感的。电阻分压器的阻值也远比稳态电压下所应用的分压器的小,由于热容量的限制,它的极限电压为 2 MV,而且只用它来测量雷电冲击电压。电容分压器由于存在回路杂散振荡问题,应用它测量雷电冲击电压时,其额定电压也不能太高,它是测量操作冲击电压的主要分压器。为了阻尼电容分压器回路的振荡,发展了阻容串联分压器。以往生产的阻容并联分压器,在快速的雷电冲击电压作用下,存在着与纯电容分压器相同的缺点,即存在阻尼分压器回路的杂散振荡问题。从测量雷电冲击电压而言,它并没有太多的优点,因此已被阻容串联分压器所取代。

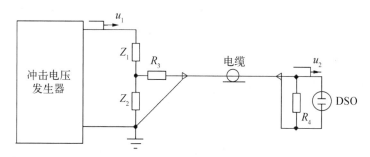

图 1.3 – 16　冲击电压分压器测量系统

为避免分压器与试品间的电磁干扰,两者必须相距一定的距离。然而中间的连线既然是测量系统的一个构成部分,则它必然会对分压器的电压测量产生影响。在测量陡冲击波或波前截断波时,常在引线的首端加一阻尼电阻 R,其阻值选为 $300 \sim 400\ \Omega$,以与长引线形成的阻抗匹配,此引线始端的阻尼电阻可以改善测量系统的转换特性。

如图 1.3 – 16 所示的终端测量仪器是数字示波器。由于其电磁兼容特性较弱,除了必须远离高压试区外,还应把它放置在屏蔽室或屏蔽箱中使用,而且要采取其他严密的防干扰及反击措施,否则有可能在放电试验时损坏。为了消除测量仪器与高压试区间的强电场和电磁干扰及安全事故,须采取几十米长的射频同轴电缆,从分压器低压臂把电压信号引至测量仪器。同轴电缆的外层屏蔽层良好接地,可以屏蔽静电场,防止静电场对内导体的作用。但电缆的屏蔽中多多少少会有一些与输送的信号不相关的电流流过,会对输送的信号产生严重的干扰。造成这种电流的原因之一是电缆首端的接地端与分压器接地端相连,当试品放电时,此处会产生冲击高电位。若电缆末端也接地,而两接地点之间又无良好的导体(如大面积的铜板)相连,此时电缆的外屏蔽层中便会流过瞬时电流。除此之外,附近的强干扰源也会造成屏蔽外皮中的电流流动。若电缆的耦合阻抗不很小,这些电流会严重干扰输送的信号。

如图 1.3 – 16 所示的接地回路对测量工作也意义重大。在实验室内击穿放电时,会产生很大的振荡短路电流,若仅用简单的导线作为接地回路,不可能使电压降减至很小。为了减小阻抗,应采用高导电材料(如铜或铝)制成大金属板或较宽的金属带。高电压实验室把这种接地回路与整个法拉第笼焊接在一起,使之构成全屏蔽的实验室。

3) 光电测量系统

光电测量系统是一种利用各种电光效应或光通信方式进行测量的系统。在高电压技术领域内,可用它进行高电压、大电流、电场强度以及其他参量的测量。在此系统中,利用光纤传输线路良好的绝缘性能,可把高电压试验装置、试品与高灵敏度的测量仪器(如数字存储示波器)及计算机隔离开来。除了可以提高测量仪器及工作人员的安全性外,还可减少射频干扰和杂散寄生信号对测量回路的影响。但与传统的高压分压器或分流器为主的测量系统相比,光电测量系统的稳定性较差。

光电测量系统常有下列几种调制方式:① 幅度-光强度调制(amplitude modulation-intensity modulation,AM - IM);② 频率-光强度调制(frequency modulation-intensity modulation,FM - IM);③ 数字脉冲调制;④ 利用电光效应的外调制。

1.4　冲击电流的产生与测量

为了检验电气设备在大气过电压及操作过电压下的绝缘性能,需要产生雷电冲击波和操作冲击波的设备——冲击电压发生器。但在大气过电压及操作过电压下,绝缘设备会遭受破坏,不仅由于电场强度高使绝缘材料发生击穿,还由于伴随此时流过的大电流而来的热和力的破坏作用而造成损坏。所以还需要产生模仿这些大电流的设备——冲击电流发生器。模仿雷电流的有产生双指数电流波形的冲击电流发生器,模仿操作冲击电流的有产生单极性矩形波电流的方波电流发生器。经常进行大电流耐受试验的试品有金属氧化物避雷器、浪涌保护器等。有时电磁兼容试验也需要冲击大电流。目前冲击电流发生器不仅在电力运行部门和电气制造部门得以应用,还广泛应用于核物理、加速器、激光、脉冲功率等技术物理部门。而且这些部门对冲击电流幅值的要求远远超过了电力运行和电气制造部门,一般都在几百千安以上,有的发生器储能为 150 kJ,可在上千微秒之内产生 10^7 kW 的瞬间功率,电流峰值达兆安级。

1.4.1　冲击电流波形

根据 IEC 及中国国家标准的规定,冲击电流指迅速上升到峰值然后缓慢地下降到零的非周期瞬态电流。冲击电流一般可分为指数型冲击电流和方波冲击电流。

(1) 指数型冲击电流。

在一个短时间内,指数型冲击电流从零增加到峰值,此后按指数或以重阻尼正弦曲线下降到零,其波形如图 1.4-1 所示,图中,T_1 为波前时间,$T_1 = 1.25T$;T_2 为半峰值时间。

标准雷电流是指波前时间 T_1 为 8 μs、半波峰值时间 T_2 为 20 μs 的光滑电流波。标准雷电流的容差:峰值为 $\pm 10\%$,波前时间为 $\pm 20\%$,半峰值时间为 $\pm 20\%$。其他常用的指数型冲击电流波形有 1/20 μs、4/10 μs、10/350 μs、30/80 μs。

(2) 方波冲击电流。

方波冲击电流的波形如图 1.4-2 所示,图中,I_d 为峰值持续时间,I_t 为总持续时间。方波冲击电流的容差:峰值为 $0 \sim +20\%$,峰值持续时间为 $0 \sim +20\%$,总持续时间小于 1.5 倍峰值持续时间。

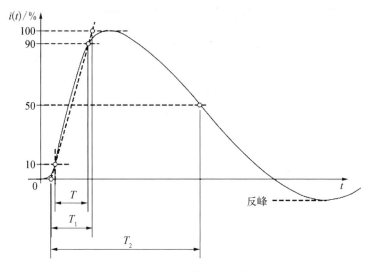

图 1.4‒1　指数型冲击电流波形

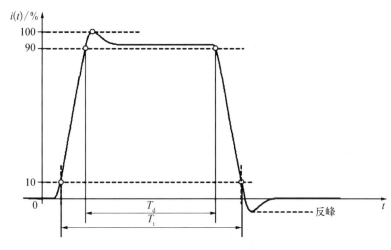

图 1.4‒2　方波电流波形

1.4.2　冲击电流发生器的基本原理

冲击电流发生器的基本原理如下：数台或数组大容量的电容器经由高压直流装置，以恒压或恒流方式进行并联充电，然后通过间隙放电使试品上流过冲击大电流。如图 1.4‒3 所示为以高压整流电压作为充电电源的冲击电流发生器的基本回路。

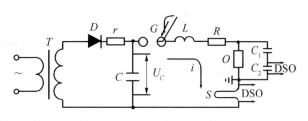

图 1.4‒3　冲击电流发生器回路

图 1.4-3 中 C 为许多并联电容器的总电容。L 及 R 为包括电容器、回路连线、分流器、球隙以及试品上火花在内的电感及电阻,有时也包括为了调波而外加的电感和电阻。G 为点火球间隙,D 为硅堆,r 为保护电阻,T 为充电变压器,O 为试品,S 为分流器,C_1、C_2 为分压器,DSO 为示波器。分压器是用来测量试品上电压的,分流器其实是个无感小电阻,是用来测量流经试品的电流的。工作时先由整流装置向电容器组充电到所需电压,然后发送触发脉冲到三球间隙 G,使 G 击穿,于是电容器组 C 经 L、R 及试品放电。根据充电电压的高低和回路参数的大小,可产生不同大小的脉冲电流。

从图 1.4-3 可看出,冲击电流发生器实际上是个 RLC 放电回路。以下用 R 代表图 1.4-3 中回路所有电阻的总和。从电路理论可知,按回路阻尼条件的不同,放电可以分为下列三种情况。

令 $\alpha = R/(2L)$,$\omega_0 = 1/\sqrt{LC}$,$\alpha_d = \sqrt{\alpha^2 - \omega_0^2}$。

(1) 过阻尼情况。

即 $R > 2\sqrt{L/C}$,亦即 $\alpha > \omega_0$,在这种情况下,二阶电路的特征根为 $p_1 = -\alpha + \alpha_d$,$p_2 = -\alpha - \alpha_d$。电流为

$$i = U_c[\exp(p_1 t) - \exp(p_2 t)]/[L(p_1 - p_2)] \tag{1.4-1}$$

电流达到最大值的时刻

$$T_M = \ln(p_2/p_1)/(p_1 - p_2) \tag{1.4-2}$$

将式 (1.4-2) 代入式 (1.4-1),即可求得电流最大值 I_m。

(2) 欠阻尼情况。

即 $R < 2\sqrt{L/C}$,亦即 $\alpha < \omega_0$,此时二阶电路具有一对共轭复数根,$p_1 = -\alpha + j\omega_d$,$p_2 = -\alpha - j\omega_d$,式中 $\omega_d = \sqrt{\omega_0^2 - \alpha^2}$。电流为

$$i = U_c \exp(-\alpha t) \sin(\omega_d t)/(\omega_d L) \tag{1.4-3}$$

电流最大值为

$$I_m = U_c \exp(-\alpha \beta t)/\sqrt{L/C} \tag{1.4-4}$$

式中,$\beta = \arcsin(\omega_d/\omega_0)$

(3) 临界阻尼情况。

即 $R = 2\sqrt{L/C}$,亦即 $\alpha = \omega_0$。电流为

$$i = (U_c/L)t\exp(-\alpha t) \tag{1.4-5}$$

电流最大值为

$$I_m = U_c\sqrt{C/L} \exp(-1) \approx 0.736 U_c/R \tag{1.4-6}$$

在一定的 U、L、C 下,当 $R = 0$ 时可获得最大的冲击电流幅值。在实际回路中 R 不能为零,但在振荡情况下电流可有较大幅值,非振荡波的最大幅值产生在临界条件。U、L、C

三值决定电流的最大幅值,当 U、C 一定时,L 越小,电流幅值越大。冲击电流发生器为了获得最大电流,必须尽可能减小回路电感。

1.4.3　冲击电流发生器的结构

冲击电流发生器是靠许多电容器并联放电来产生大电流的。为了在一定的电压和电容下获得尽可能大的电流,应选用电感小的脉冲电容器。所产生的冲击电流应从地上回路流归电容器,如有部分电流经接地系统流归电容器,将使地电位升高,引起安全事故或测量上的困难。为此,要求放电回路仅一点接地。通常为了测量和试验的方便,要求试品一端接地(见图 1.4-3),所以电容器组应该是对地绝缘的。此外,如试验中要求有较高的电压,而单台电容器的额定电压不能满足要求时,可考虑把电容器分成几个组,每组由多台电容器并联组成,然后根据试验要求,使几个组串联放电。

为了使产生的冲击电流有尽可能大的幅值和陡度,应该尽可能地减小回路电感。回路总电感是由几部分电感所组成,其中包括电容器中的残余电感、连线电感、球隙电感和试品中的电感。要减小电容器的电感,除选用电感较小的脉冲电容器外,还可增加电容器的并联台数。要减小连线的电感,除和电容器一起采取多路并联外,还应使连线尽可能短;电流同向的连线应尽可能远离,使互感尽可能小;电流异向的连线应尽可能靠近,使互感尽可能大。要减小球隙的电感,应缩小球隙的尺寸和火花的长度,那就必须提高火花隙中介质的耐电强度,例如把球隙放在压缩空气中。

冲击电流发生器在布置电容器时大致可分为环形排列(圆环式或方框式)与母线式排列两种形式,如图 1.4-4 所示。环形排列是把许多电容器均匀地排列成一个不闭口的圆环[见图1.4-4(a)]或方框[见图 1.4-4(b)]。这种排列使从电容器出线至设备中心的距离都相等或接近相等,试品放在中心位置,连线呈放射状。这样做可使从电容器组送到中央试品去的电流能在同一瞬间到达,即许多并联回路电流在试品处同时到达最大值,叠加起来可产生最大的电流幅值。但这种布置的中央面积有限,对试验大设备很不方便。母线式排列[见图 1.4-4(c)]是把电容器按组做行列排列,这种排列的连线长度差别很大,电流不可能同时到达,但试区面积不受限制。

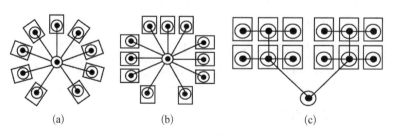

(a)　　　　　　　　(b)　　　　　　　　(c)

图 1.4-4　冲击电流发生器的电容器排列方式

(a) 圆环式;(b) 方框式;(c) 母线式

1.4.4　冲击电流的测量

冲击电流的测量包括峰值和波形。目前测量冲击电流的系统主要有分流器测量系统和罗戈夫斯基线圈(Rogowski coil)测量系统。

1) 分流器测量系统

分流器测量系统由分流器(采样电阻)、同轴电缆、匹配电阻和数字示波器组成,如图 1.4 - 5 所示。

分流器是个低阻值和极低电感值的电阻器。它的阻值一般在 $0.1\sim10$ mΩ,能测量的冲击电流范围为几千安至几十千安。它的接入不应使放

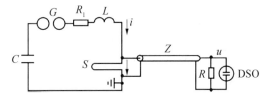

图 1.4 - 5　分流器测量系统

电回路内的冲击电流发生明显变化。示波器测得的是冲击电流流过分流器时产生的压降。

每个电阻通过电流时,必在周围出现磁场和电场。由于电磁场的存在,不能认为这个电阻是纯电阻,应该等效地认为有个电感与它串联、有个电容与它们并联。这个电容是不大的,由它产生的容抗比起分流器的电阻大得多。一般认为电流频率在 100 MHz 以下时,电容可以忽略不计,但电感的影响不能忽视。正因为电阻分流器的电阻非常小,因此电感的影响特别明显,分流器的简单等效回路应表示为电阻与电感串联。那么分流器上的压降应为电阻压降与电感压降之和。电流变化越快则电感压降越大,可能比电阻压降大很多倍。一个有电感的分流器的阶跃响在开始处会出现明显的上冲。这种分流器既不能用来确定幅值也不能用来确定波形。

为了尽可能减小幅值误差和波形畸变,不仅希望分流器接近于一个纯电阻,还希望它的阻值是一常数。但快速变化的电流经过分流器时,由于集肤效应,会使阻值发生变化,同时大电流流过分流器时,热效应也会使阻值发生变化。快速变化的巨大电流流过时,会在周围出现快速变化的强大电磁场,测量回路哪怕受到些许干扰,都足以造成严重误差。为此,除了用同轴屏蔽电缆来连接分流器和示波器外,在设计分流器结构,尤其是电压引线和电缆的连接时,要防止周围的干扰。大电流不仅有热效应,还有力效应,所以不仅从发热考虑,同时还从破坏力考虑,分流器都应有最大容许电流幅值。

2) 罗戈夫斯基线圈测量系统

罗戈夫斯基线圈测量系统由罗戈夫斯基线圈、积分器、同轴电缆和数字示波器组成,如图 1.4 - 6 所示。

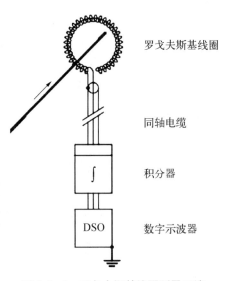

图 1.4 - 6　罗戈夫斯基线圈测量系统

　　用分流器测量冲击电流时,被测电流将在分流器内产生热效应和力效应。如被测电流达几百千安,分流器的制造会有很大困难,在这种场合常用罗戈夫斯基线圈来测量电流。它是利用被测电流产生的磁场在线圈内感应的电压来测量电流。它实际上是一种电流互感器测量系统,其一次侧为单根载流导线,二次侧为罗戈夫斯基线圈。考虑到所测电流的等效频率很高,所以大多是采用空心的互感器,这样可以避免使用铁芯时所带来的损耗及非线性影响。此外,在测量平板上分布脉冲电流时,可采用非环形的直线式罗戈夫斯基线圈。

　　除了在电气、电力行业用它来测量冲击大电流外,在原子物理、加速器、激光等大功率脉冲技术中,也用罗戈夫斯基线圈来测量微秒及纳秒级的脉冲等离子体电流、电子束电流等。

　　罗戈夫斯基线圈同分流器测量法相比的一个显著优点是,它与被测电路没有直接的电联系,可避免或减小电流源接地点的地电位瞬间升高所引起的干扰影响。

　　为了直接得到与电流成比例的信号,在测量系统中需加入积分环节。罗戈夫斯基线圈的积分法又可分为 LR 积分式和 RC 积分式两种。后者需外接一个优质的积分器,可以采用无源积分器或有源的电子积分器来实现积分。

　　线圈的匝数增大虽有利于信号电平的增强,但若绕制过密,一方面在外积分测量条件下会受上限频率的制约,另一方面匝间电容的增强也会使波形失真。

　　罗戈夫斯基线圈是靠磁感应法来测量电流的。它处在一个快速变化的电磁场中,必须防止这个快速变化的电磁场以及其他杂散电磁场对测量回路产生干扰。因此罗戈夫斯基线圈必须采用屏蔽措施把线圈屏蔽起来,并把它的屏蔽层和同轴电缆的外屏蔽层焊接起来。测量线圈的屏蔽沿电缆全长都与被测回路相绝缘,只在靠近示波器的电缆末端和电缆外皮一起接地。

第2章

常规电气绝缘性能试验

在研究、设计、制造和运行中,高电压或高场强电气、电子产品都要进行一系列绝缘性能试验。在绝缘系统设计中,判断绝缘结构的设计、参数的选定是否合理,要进行产品模拟试验;在产品制造中,判断原料、半成品、成品是否合格,要进行例行试验;在新产品试制或原材料、工艺有重大改变时,要进行型式试验;产品出厂安装好后,要进行验收试验;产品在运行中,要做预防性试验或状态试验。此外,在电介质的理论研究中,各特性参数的机理、各种相关的规律,也都要靠电介质绝缘性能测试来验证。因此,在电介质与绝缘技术领域中,不论是理论的研究还是产品的发展,都与绝缘测试技术的应用分不开。

常规电气绝缘性能试验主要包括绝缘电阻和泄漏电流的测量、电容量及介质损耗因数的测量、介电强度试验和局部放电试验。

2.1 绝缘电阻和泄漏电流的测量

当电气设备在长期工作的过程中,绝缘介质可能受到电场应力、热应力、化学应力以及环境应力等的作用而发生老化,可能吸收或吸附周围环境中的水分而受潮,也可能受到表面污秽的影响而丧失绝缘性能。通过绝缘电阻或者泄漏电流的测量,能够在一定程度上反映绝缘的老化、受潮或者表面污秽程度,因此绝缘电阻或者泄漏电流在评估电气设备的绝缘状况时具有非常重要的意义。

2.1.1 基本定义

绝缘介质是不导电的物质,但并非绝对的不导电。在电压的作用下,绝缘介质中会有微弱的电流流过,如图 2.1-1(a)所示。流过绝缘介质的总电流 i 可以分解成三种电流分量:泄漏电流 i_1、吸收电流 i_2 和电容电流 i_3,如图 2.1-1(b)所示。

泄漏电流 i_1 是由绝缘介质的电阻 R 引起的纯阻性电流,不随时间而改变。吸收电流 i_2 是由绝缘介质内部电荷重新分配产生的阻容性电流,按指数规律衰减。在直流电压施加

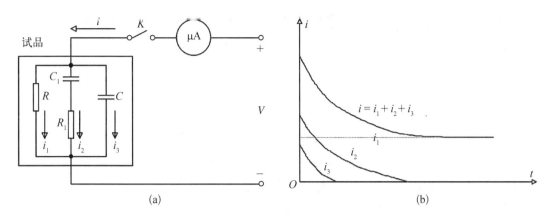

图 2.1－1　绝缘介质在直流电压下的电路图及电流

(a) 不均匀绝缘介质在直流电压下的电路图；(b) 直流电压下流过不均匀介质的电流

的瞬间，绝缘介质上的电压按电容分布；而电压稳定后，绝缘介质上的电压则按电阻分布。由于电容和电阻比例不同，因而在直流电压施加的瞬间到稳定的这一过程中，电荷要重新分配，重新分配的电荷在回路中形成的电流就是吸收电流 i_2。电容电流 i_3 是由绝缘介质的电容 C 引起的纯容性电流，按指数规律衰减。流过绝缘介质的电流在经过足够长的时间后，会达到一个稳定值，这个稳定值就是表征介质电导的泄漏电流 i_1。

绝缘电阻是指被电气绝缘隔开的两个导电部件之间的电阻，通常用施加于绝缘介质上的直流电压与流过绝缘介质的泄漏电流之比来计算。一个绝缘体的绝缘电阻由两部分组成，即体积电阻和表面电阻。体积电阻是施加的直流电压与通过绝缘体内部的泄漏电流之比，表面电阻是施加的直流电压与通过绝缘体表面的泄漏电流之比。

体积电阻与绝缘介质的厚度成正比，与导体和绝缘介质接触的面积成反比。表面电阻与绝缘介质表面上的导体长度成反比，与导体间绝缘介质表面的距离成正比。

$$\rho_v = R_v \frac{A}{h} = \frac{UA}{I_v h} \tag{2.1-1}$$

$$\rho_s = R_s \frac{l}{d} = \frac{Ul}{I_s d} \tag{2.1-2}$$

式中，R_v 为体积电阻，单位为 Ω；R_s 为表面电阻，单位为 Ω；ρ_v 为体积电阻率，单位为 $\Omega \cdot m$；ρ_s 为表面电阻率，单位为 $\Omega \cdot m$；h 为绝缘介质的厚度，单位为 m；A 为电极的面积，单位为 m^2；d 为电极间的距离，单位为 m；l 为电极的长度，单位为 m。

绝缘电阻不仅与绝缘材料的性能有关，还与绝缘介质和电极的形状尺寸有关。而电阻率则完全取决于绝缘材料的性能。由于表面电阻率对外界的影响很敏感，所以绝缘材料的电阻率一般是指体积电阻率。

测量绝缘电阻值通常是测量加压 60 s 时的绝缘电阻值，即用施加的直流电压除以加压 60 s 时候所测的泄漏电流值。而吸收比是指在同一次试验中，60 s 时的绝缘电阻值与 15 s

时的绝缘电阻值之比。极化指数则是指在同一次试验中,10 min 时的绝缘电阻值与 1 min 时的绝缘电阻值之比。

2.1.2 测量方法

测量绝缘电阻的方法有直测法、比较法和充放电法。直测法是直接测量施加在绝缘介质上的直流电压和流过绝缘介质的电流,通过欧姆定律计算出绝缘电阻值的方法。比较法是与已知标准电阻相比较来测定绝缘电阻值的方法。充放电法则分为充电法和自放电法,其中充电法是利用与绝缘介质串联的标准电容器来测量流过绝缘介质的泄漏电流,从而测得绝缘介质绝缘电阻的方法;自放电法则是将绝缘介质看成由电阻和电容并联的阻抗,通过自身的电容量来测量绝缘电阻值的方法。

目前测量绝缘电阻最常用和最方便的方法就是直测法,使用的仪器为绝缘电阻表。绝缘电阻表又分为手摇式和电子式,如图 2.1 - 2 所示。

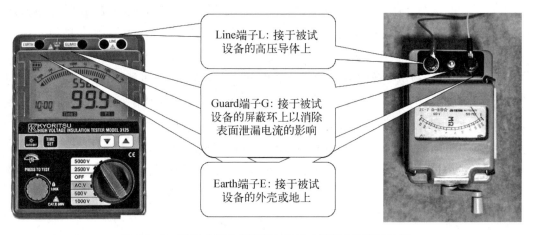

Line端子L: 接于被试设备的高压导体上

Guard端子G: 接于被试设备的屏蔽环上以消除表面泄漏电流的影响

Earth端子E: 接于被试设备的外壳或地上

图 2.1 - 2　手摇式绝缘电阻表和电子式绝缘电阻表实物图

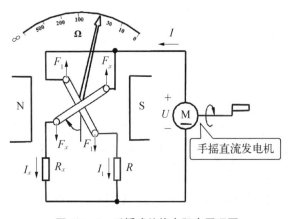

图 2.1 - 3　手摇式绝缘电阻表原理图

1) 手摇式绝缘电阻表

手摇式绝缘电阻表又称为摇表或者兆欧表,其由电源和两个线圈回路组成,如图 2.1 - 3 所示。其电源是手摇发电机,两个线圈相互垂直处于磁场中,组成磁电式流比计机构。当摇动手柄时,发电机产生的直流电压施加在试品上,这时在两个线圈中就分别有电流 I_1 和 I_x 流过,将会产生两个不同方向的转矩 T_1 和 T_2。

当两个反向转矩平衡时,电流表的偏

转角 α 为

$$\alpha = f\left(\frac{I_1}{I_x}\right) = f\left(\frac{R_2 + R_x}{R_1 + R}\right) = f'(R_x) \qquad (2.1-3)$$

式中，R 为标准电阻，R_1、R_2 分别为两个线圈的电阻，R_x 为被测试品的电阻。

2）电子式绝缘电阻表

随着电子技术的发展应用，电子式绝缘电阻表已不用手摇发电机驱动，而是用高频升压后再整流得到直流高压。除此之外，电子式绝缘电阻表还通过电子放大技术把微小的电流信号放大进行测量。如图 2.1-4 所示，电子式绝缘电阻表通常由直流高压源、电压测量装置、电流测量装置和测量保护电路构成。其通过直接测量试品两端的电压和流过的电流从而得到试品的绝缘电阻值。

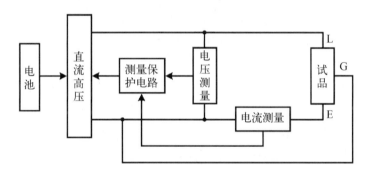

图 2.1-4　电子式绝缘电阻表原理图

2.1.3　影响因素

绝缘电阻不仅会受到试验和环境条件的影响，还会受到仪器本身误差、测量装置中的漏电流、寄生的电动势以及试样留下的残余电荷等因素的影响。

1）温度

在绝缘材料中，导电主要是靠离子迁移，温度升高时离子容易摆脱周围分子的束缚而产生位移，从而使体电阻率呈现指数式下降。

2）湿度

水的电导比绝缘材料的电导大得多，特别是在水中含有杂质时。同时，水的介电常数大，它能降低离子的电离能，因此绝缘材料在受潮后，电阻率会明显下降。

3）电场强度

在电场强度不高时，电阻率几乎与电场强度无关。但当电场强度很高时，电子电导起明显作用，这时电导随电场强度增高而明显增加。另外，当电压升高时，绝缘体中的某些缺陷（如裂纹或气泡）可能产生放电，这时绝缘电阻也会有所下降。

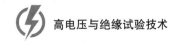

4）辐照

许多有机材料在强光或 X 射线、γ 射线等辐照下会产生各种光电流,从而使绝缘电阻率明显下降,如聚乙烯在 8 R/min(R 即伦琴,为照射量单位)辐射剂量的照射下,温度 20℃时,电阻率会下降 3～4 个数量级。在辐射停止后相当长的时间内,这种效应仍然存在。

5）预处理或条件处理

为了消除由于试样在试验之前所经历的环境条件不同而造成的试验结果的偏差,试样在试验之前要做预处理,即将试样置于规定的大气条件下处理一定时间。现行标准中推荐采用在温度为(23±2)℃、相对湿度为(50±5)％条件下静置 24 h。若要测定试样在某一特定条件下的性能,在预处理之后,还要进行条件处理。

6）仪器的误差

各种直读仪表一般都有误差范围的说明,如各种电表(包括电流表、电压表)都可以从它的精确度等级上知道测量值可能的误差。有些测量方法是要测量几个参数后由计算式计算出结果,这时就可采用间接误差计算方法来计算总的误差。

7）漏电流

在测量绝缘电阻的线路中,各部件、开关、试样支架等本身的绝缘电阻都不是无限大的,它们中都存在着微小的漏电流,在测量很高的绝缘电阻时,由于待测的电流是极微小的,这些漏电流就可能造成极大的误差。一种漏电流是从高压部分经过各部分的电阻流进测试仪器,这部分漏电流会使测得的电阻值偏小;另一种漏电流是通过试样的待测电流,被测试仪器输入端并联的低电阻分流,这种漏电流会使测得的电阻值偏大。

消除漏电流的保护技术是用一导体安插到漏电流所流过的途径中,将漏电流引到电源的回路中去,使之不流经测试仪器,或者使漏电流所经的电阻与测试线路中低电阻元件并联,从而使漏电流的影响可以忽略不计。

8）寄生电动势和外电场

在绝缘电阻的测试电路中,很难避免存在各种寄生的电动势,如热电动势、接触电动势、电解电动势以及其他感应电动势等。这些电动势一般数值都很小,但在测量很高的电阻,或是出现在测试电路的敏感部位时,寄生电动势带来的影响也不可忽视。

热电动势的数量级一般在毫伏以下,只有当它出现在低阻值回路中,如在检流计和分流计的回路中时,才会有明显影响。

一般接触电动势是很小的,约为毫伏级,只有在测量回路的敏感部位才会造成误差。如高阻计输入端的短路开关上,若在拉开开关时出现电动势,该电动势就会直接加到高阻计的输入端。因此,这个开关触头要用电子逸出功大的铂做成,并要在结构上使开关打开的过程中尽可能减少摩擦。

电解电动势容易在潮湿的条件下出现,两种金属体间存在电解液就容易出现电解电动势。如试样表面不干净,在测量电极和保护电极之间就可能出现电解电动势,这种电动势有时可达上百毫伏,显然这是不可忽略的。

外界感应电动势在用高阻计测量很高的电阻($R \geqslant 10^{-15}$ Ω)时就会有明显的影响,这时整个试样和电极系统都要完善地屏蔽起来,否则就无法进行测量。

检查各种寄生电动势和外电场影响的方法很简单,只要测试装置全部接好并调节到测量的状态,只是不加直流电压,这时仪器若指零,则说明各种电动势的影响都可以忽略。

9) 剩余电荷

当试样上施加直流电压时,试样表面层将会积聚极化电荷,在电极上也增加了相应的自由电荷。之后若去除施加的电压,并将试样短路,电极上的电荷也不会瞬间消失,而是随着极化电荷的消失而逐渐消失。如果在一块试样上测量体积电阻之后,接着就测表面电阻,那么就可能由于极化电荷的存在而造成误差。

除了极化电荷之外,绝缘材料在生产、储存、运输过程中,以及在试样的制作过程中,都有可能在试样上残留静电荷,这些电荷都会影响绝缘电阻的测试结果。

在测量绝缘电阻时,检查剩余电荷影响的方法与检查寄生电动势的影响一样,检查结果如果不正常,则可能是剩余电荷的影响,也可能是寄生电动势的影响,这就要仔细观察分析,找出原因并消除之,才能进行正常试验。

2.1.4　其他

测量电气设备的绝缘电阻,只要把直流电压施加在待测绝缘部位的两个导体上,就可以进行测量;而测量绝缘材料的体积电阻率和表面电阻率,则必须制作适当的试样,并选取适当的电极系统(包括电极材料、电极数量和电极形状)。试样的形状一般取决于材料的形状,厚度也一般取决于材料的厚度。对于太厚的材料,可以单面切削成比较薄的试样。试样表面应无污染、无损伤,并需清除掉剩余电荷。电极系统一般采用三电极,如图 2.1 - 5 所示。三电极系统可以将体积电流和表面电流分开,分别测量体积电阻率和表面电阻率。电极材

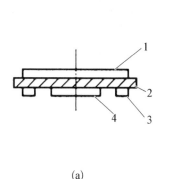
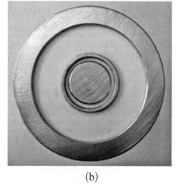

(a)　　　　　　　　　　(b)

1—测量电极;2—试样;3—保护电极;4—被保护电极。

图 2.1 - 5　三电极系统(平板试样用)

(a) 三电极系统结构图;(b) 某种三电极系统照片

料一般本身应是良导体,而且能和试样紧密接触;电极与试样不能有相互作用,特别是在高温下,不能使试样的性能发生变化;电极还应耐腐蚀、便于加工且使用安全。

用手摇式绝缘电阻表测量电气设备的绝缘电阻是最方便的,尤其是在户外现场。但它的灵敏度不高,一般只能测到 100 MΩ。电子式绝缘电阻表是目前测量绝缘电阻最灵敏的仪器,其量程可达 10^{17} Ω,但其准确度较低,在测量 10^{15} Ω 以下的绝缘电阻时,误差约为 ±10%,测更高的电阻时误差约为 ±20%。

2.2 电容量及介质损耗因数的测量

介质损耗因数 $\tan\delta$ 和相对介电常数 ε_r 是绝缘体与电介质的两个主要特性。在不同应用场合下,对这两个特性的要求也各不相同:用于储能元件(如电容器)时,要求相对介电常数大,使单位体积中储存的能量大;但在用于一般电气设备时,要求相对介电常数小,以减小流过的电容电流。在一般电气设备中使用的电介质和绝缘体,都要求损耗因数小,因为若损耗因数大,不但浪费电能,而且会使介质发热,容易造成介质老化或损坏,这在电场强度高、电压频率高的工作条件下尤为突出。只有在特殊场合,如要求利用介质发热时,才要求采用损耗因数大的材料。为了检验电气设备、元件的性能,选择合适的绝缘材料,就必须对其相对介电常数、损耗因数进行测量。另外,还可以通过对相对介电常数和损耗因数的测量来判断绝缘系统中的含水量、老化程度等。测量相对介电常数和损耗因数的频率谱和温度谱还可以作为研究电介质和绝缘材料物质结构的一种手段。

2.2.1 基本定义

1) 相对介电常数

相对介电常数 ε_r 是同一电极结构中,电极周围充满介质时的电容 C_x 与周围是真空时的电容 C_0 之比,即

$$\varepsilon_r = \frac{C_x}{C_0} \tag{2.2-1}$$

若电极为平行板电极,则

$$C_0 = \frac{\varepsilon_0 A}{t} \tag{2.2-2}$$

式中,A 为电极面积,单位为 m^2;t 为电极间距离,单位为 m;$\varepsilon_0 = \frac{1}{36\pi} \times 10^{-9} = 8.854 \times 10^{-12}$,单位为 F/m。

将式(2.2‐2)代入式(2.2‐1)后可得

$$\varepsilon_\mathrm{r} = \frac{0.036\pi t C_x}{A} \qquad (2.2\text{-}3)$$

由此可见,测量相对介电常数 ε_r 实际上是测量电容量 C_x 及相关的电极、试品尺寸。

2) 介质损耗因数

绝缘介质在交变电场的作用下,由于介质电导、介质极化效应和局部放电,在其内部引起的有功损耗称为介质损耗,也称介质损失,简称介损。

在交变电场作用下,绝缘介质内流过的电流相量 $\dot{I}$ 和电压相量 $\dot{U}$ 之间的夹角 φ(功率因数角)的余角 δ 称为介质损耗角,简称介损角,如图 2.2‐1 所示。

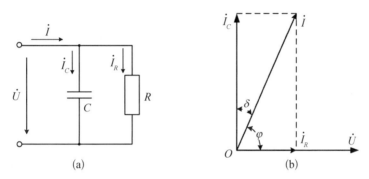

图 2.2‐1　绝缘介质 *RC* 并联等效电路和相量图

(a) 绝缘介质的 *RC* 并联等效电路;(b) 相量图

在交变电场作用下,绝缘介质中的有功分量和无功分量的比值称为介质损耗因数。

$$介质损耗因数 = \frac{绝缘介质的有功功率\ P}{绝缘介质的无功功率\ Q} = \frac{UI\cos\varphi}{UI\sin\varphi} = \frac{UI\sin\delta}{UI\cos\delta} = \tan\delta \qquad (2.2\text{-}4)$$

2.2.2　测量方法

测量电容量及介质损耗因数 $\tan\delta$ 的方法有电桥法和谐振法。电桥法是利用电桥平衡的原理测量电容量及介质损耗因数 $\tan\delta$ 的方法。谐振法是利用谐振回路的谐振条件来求得电容量、利用谐振回路的品质因数来求得介质损耗因数 $\tan\delta$ 的方法。

在测量频率不高时(一般低于 MHz),一般采用高压交流电源及高压电桥(配有标准电容器)来测量电容量及介质损耗因数 $\tan\delta$。测量频率在兆赫兹以上的一般都是用谐振法测量。由于谐振法测试回路简单,用的元件少,杂散电容及电感较小,再加上采用替代法测量,可以把部分固定的误差减除,因此在很高测量频率下(GHz 以上)都可使测量误差减至允许范围。

根据工作原理不同,高压电桥可分为两大类:阻抗比电桥(西林电桥)和电流比较型电桥。

1) 阻抗比电桥(西林电桥)

西林电桥的两个高压桥臂分别由试品 Z_x 及无损耗($\tan\delta \approx 0$)的标准电容器 C_n 组成,两个低压臂分别由无感电阻 R_3、R_4 与电容器 C_4 并联组成,如图 2.2－2 所示。

当电桥平衡时,$I_G = 0$,应满足 $Z_x Z_4 = Z_n Z_3$,即

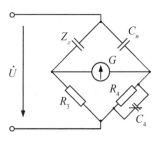

$$\left(\frac{1}{R_4 R_x} - \omega^2 C_4 C_x\right) + j\left(\frac{\omega C_4}{R_x} + \frac{\omega C_x}{R_4}\right) = j\frac{\omega C_n}{R_3} \quad (2.2-5)$$

图 2.2－2 西林电桥原理图

公式左右实部/虚部相等,整理可得

$$\tan\delta = \frac{1}{\omega R_x C_x} = \omega R_4 C_4 = 2\pi f R_4 C_4 \quad (2.2-6)$$

$$C_x = \frac{C_n R_4}{R_3} \cdot \frac{1}{1+\tan^2\delta} \quad (2.2-7)$$

当 $\tan\delta < 0.1$、误差允许不大于 1% 时,式(2.2-7)可改写为

$$C_x = \frac{C_n R_4}{R_3} \cdot \frac{1}{1+\tan^2\delta} \approx \frac{C_n R_4}{R_3} \quad (2.2-8)$$

2) 电流比较型电桥

电流比较型电桥如图 2.2－3 所示,同一个铁芯上绕有 5 个绕组,分别是 N_1、N_2、N_3、N_4 和 N_i。 其中,N_1 与试品 Z_x 串联;N_2 与无损耗($\tan\delta \approx 0$)的标准电容器 C_n 串联。

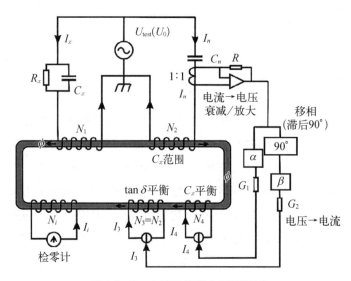

图 2.2－3 电流比较型电桥原理图

当电桥平衡时，$I_i = 0$，应满足 $I_x N_1 = I_n N_2 + I_4 N_4 + I_3 N_3$，即

$$U_{\text{test}}(j\omega C_x + G_x)N_1 = U_{\text{test}}j\omega C_n(N_2 + \alpha R G_1 N_4 - j\beta R G_2 N_3) \qquad (2.2-9)$$

公式左右实部/虚部相等，且令 $RG_1 N_4 = 1$，$N_2 = N_3$，整理可得

$$\tan\delta = \frac{G_x}{\omega C_x} = \frac{\beta R G_2}{1 + \dfrac{\alpha}{N_2}} \qquad (2.2-10)$$

$$C_x = \frac{N_2 + \alpha}{N_1}C_n \qquad (2.2-11)$$

2.2.3　影响因素

相对介电常数和介质损耗因数不仅会受到试验和环境条件的影响，还会受到仪器本身误差、外来电磁场干扰、外来阻抗耦合以及电极、接线使用不当等因素的影响。

1）电压幅值

一般情况下，相对介电常数及损耗因数与施加的电压幅值无关。若有夹层极化，在高场强下将会使相对介电常数及损耗因数增大；若在绝缘体中有气泡，在电压超过起始放电电压后，测得的相对介电常数及损耗因数都会增大。

2）频率

各种极化过程都需要一定时间，若这时间比交变电场的周期长得多时，这种极化就来不及完成，相对介电常数就变小。频率低时，各种极化都存在，所以相对介电常数就大；而频率高时，夹层极化、偶极子极化可能来不及完成，只剩下电子极化、原子极化，所以相对介电常数就小了。介质损耗因数主要是由偶极子极化、夹层极化引起的，当频率很高时，这些极化不存在，当然也就没有由它们产生的损耗；但若频率很低，在交变电场的周期比该极化过程所需的时间长得多时，极化完全跟得上电场变化而没有滞后现象，极化形成的电容电流与外加电压的相位差为 90°，这时也不会产生损耗，只有在该极化有滞后现象时才会出现介质损耗，所以在相对介电常数有变化时，介质损耗因数会出现最大值。

3）温度

温度升高会使分子间的束缚力减小，容易形成极化，因而相对介电常数增大；但当温度很高时，物质密度降低，而且分子的热运动加剧，从而使极化强度降低。在温度较低时，介质损耗因数在相对介电常数变化时出现最大值；而在温度很高时，由于电导产生的介质损耗占主要地位，介质损耗就和电导一样随温度上升而呈指数式增长。随着温度升高，极化弛豫（又称极化松弛）时间减小，介质损耗因数随频率变化的最大值向高频方向移动。

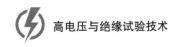

4）湿度

水的相对介电常数很大（$\varepsilon_r = 81$），同时水分渗入试品会起增塑作用，使极化更容易形成，因而介电常数明显增大，再加上水的电导也比较大，损耗因数也明显增大。

5）仪器的误差

各种直读仪表一般都有误差范围的说明。各种电表（包括电流表、电压表）都可以从它的精确度等级上知道测量值可能的误差。有些测量方法是要通过测量几个参数，最后由计算式计算出结果，这时就可采用间接误差计算方法来计算总的误差。

6）外来电磁场干扰

在试验环境中，特别是在变电站等现场进行测量时，往往存在其他正在运行的高电压设备，在试品所在的空间存在很强的电磁场，这会造成很大的测量误差。为了消除外来电磁场的干扰，常采用屏蔽法和倒相法。屏蔽法是将试品的测试系统或干扰源直接用金属板或网屏蔽起来，使电磁场透过屏蔽层时大大衰减。倒相法是在正相和反相电压下进行两次试验。当施加于试品的电压倒相 180° 时，通过试品的电流也倒相了，但外来干扰的电磁场没有变化，于是可以计算得出电容的准确值和 $\tan\delta$ 的准确值。

7）外来耦合阻抗

在电桥结构中，各桥臂的杂散电容和电感对测量结果都会有影响。除此之外，在整个测试回路中，若有外来的阻抗与试品或任一桥臂耦合，也会对测量结果造成严重影响。

8）电极、接线

要把试品接入测试系统，一般都用导线连接，导线的电阻、电感以及分布电容将会对测得的 C_x 及 $\tan\delta$ 带来误差。对于原材料或某些部件，在测量 C_x 或 $\tan\delta$ 时，必须先加上电极才能加电压，电极本身的电阻、电极与试品间接触不良以及电极边缘效应等也会对测量结果造成误差，这些误差会随测量频率的提高而增大。

2.2.4 其他

在工频电压下测量相对介电常数和介质损耗因数时，所用的试样和电极与第 2.1.3 节中测量电阻时采用的基本一样，但对于电极材料的导电性能要求更高。采用三电极系统，不但可以使测量电极边缘的电场分布均匀化，消除表面电流造成的附加损耗，而且可以消除测量电极对地或对其他物体的分布电容的影响。

电桥的灵敏度与电桥本身的结构、电桥上施加的电压幅值及频率以及电桥的平衡指示器有关。电桥比例臂的两阻抗（如 Z_x 与 Z_3 或 Z_n 与 Z_4）相等时，电桥的灵敏度最高；电压、频率越高，指示器可测出的电流或电压越小，电桥的灵敏度就越高。虽然西林电桥的比例臂两阻抗相差很大，但施加电压很高，再加上平衡指示器是由放大器及灵敏的仪表组成的，可测电流达 10^{-10} A，因此灵敏度还是很高的，可测 $\tan\delta$ 达 10^{-5}。

2.3 介电强度试验

所有绝缘材料都只能在一定的电场强度以下保持其绝缘特性,当电场强度超过一定限度时,绝缘材料便会瞬间失去绝缘特性,破坏整个设备。因此,介电强度是最基本的绝缘特性参数。不论在电气产品的生产还是使用中,都要经常做介电强度的试验。

2.3.1 基本定义

绝缘材料或结构在电场作用下瞬间失去绝缘特性,造成电极间短路的现象,称为电气击穿。在试验中或在使用中,绝缘材料或结构发生击穿时所施加的电压称为击穿电压,击穿点的场强称为击穿场强。

绝缘材料的介电强度是指材料能承受而不致遭到破坏的最高电场场强,对于平板试样

$$E_B = \frac{U_B}{d} \qquad (2.3-1)$$

式中,E_B 为击穿场强,单位为 kV/mm;U_B 为在规定的试验条件下,两电极间的击穿电压,单位为 kV;d 为两电极间击穿部位的距离,即试样在击穿部位的厚度,单位为 mm。

在气体或液体中,电极之间放电,且放电至少有一部分是沿着固体材料表面时,称为闪络。通常试样表面闪络后,还可以恢复绝缘特性。闪络时试样上施加的电压称为闪络电压。

试样击穿或闪络时,试样上的电压会突然降落,通过试样的电流会突然增大,有时还会发出光或声。可以根据上述现象来观察击穿或闪络,但最终判断是否击穿,要观察是否在试样上有贯穿的小孔、裂纹以及碳化的痕迹等。

介电强度试验分为两种类型,即击穿试验和耐压试验。击穿试验是在一定试验条件下,升高电压直到试样发生击穿为止,并测得击穿场强或击穿电压。耐压试验是在一定试验条件下,对试样施加一定电压,经历一定时间,若在此时间内试样不发生击穿,即认为试样是合格的。显然,耐压试验只能说明试样的介电强度不低于该试验电压的水平,但不能说明究竟有多高。要想知道介电强度有多高,必须做击穿试验。

2.3.2 测量方法

绝缘材料的介电强度是通过击穿试验测得的。由于试验条件与该材料在应用中实际工作条件不同,材料的介电强度不能作为选定应用中工作场强的依据,而只能作为选用材料的

参考。电气设备都要做耐压试验,施加的电压一般都高于工作电压,耐压时间有 1 min、5 min 或更长的时间。

1) 工频电压下的介电强度试验

由于工频电源应用最广,且材料在工频下的击穿场强比直流和冲击电压下的都低,因此一般对于绝缘材料,通常都是做工频下的击穿试验。绝缘材料的介电强度一般也是指在工频下的介电强度。电气设备的例行试验中,最常见的也是工频耐压试验。

做工频介电强度试验时,电压要按一定方式和速度从零上升到规定的试验电压或击穿电压。升压方式和速度有以下几种。

(1) 快速升压。电压从零上升到击穿电压所经历的时间约为 10~20 s。根据击穿场强的高低,可以选择不同的升压速度,现行标准中规定有 100 V/s、200 V/s、500 V/s、1 000 V/s、2 000 V/s、5 000 V/s,最常用的是 500 V/s。

(2) 慢速升压。从快速升压击穿电压的 40% 开始,以较慢的速度升压,使击穿发生在 120~240 s 内,电压上升的速度可选取 2 V/s、5 V/s、10 V/s、20 V/s、50 V/s、100 V/s、200 V/s、500 V/s、1 000 V/s。

(3) 极慢速升压。从快速升压击穿电压的 40% 开始,以极慢的速度升压,使击穿发生在 300~600 s 内。升压速度可选取 1 V/s、2 V/s、5 V/s、10 V/s、20 V/s、50 V/s、100 V/s、200 V/s。这种方式的升压速度慢,电压作用时间更长,测得的击穿电压更低,试验结果比较可靠。

(4) 20 s 逐级升压。电压逐级升高,每级停留 20 s,第一级电压约为快速升压击穿值的 40% 的电压,在此电压下经受 20 s;若试样不击穿,再升高到第二级,再停 20 s;若不击穿再加高一级,直到试样击穿为止。升压过程要尽量快,升压时间计算在下一级的 20 s 之内。击穿电压取能承受 20 s 的最高一级的电压值,如击穿发生在升压过程,或尚未达到 20 s,就应取前一级的电压作为击穿电压。

2) 直流电压下的介电强度试验

在生产和科学研究中,有不少电气设备是在直流电压下运行的,对于这些设备,当然要做直流电压下的介电强度试验。另外还有一些设备虽然不属于直流电气设备,但由于其电容很大,如电力电容器、大电机、长电缆等,当工频试验变压器的容量不能满足要求,又没有补偿电抗器时,就不得不采用直流来代替交流的介电强度试验,但由于直流和工频交流下的击穿机理不同,施加的试验电压应有差别。

进行直流电压下的介电强度试验时,升压方式和速度与工频电压下的规定相同。

3) 冲击电压下的介电强度试验

各种电气设备在运行中,有可能会遭受大气过电压或操作过电压,为了检验这些设备承受这种过电压的能力,需要进行冲击电压下的介电强度试验。

对电气设备进行冲击试验时,要先观察冲击电压的波形是否符合标准波形的要求,对能自恢复的绝缘结构,如绝缘子、套管的表面,可先施加试验电压的 80% 左右,对不能自恢复的绝缘结构,只能施加更低的电压,如 50% 或 70% 左右。在冲击电压波形符合要求的前提下,才可对试样进行试验。试验时,一般要对试样连续施加 15 次具有规定波形和极性的耐受电压,如果破坏性放电不超过 2 次,就可认为产品合格。

对于绝缘材料的冲击击穿试验,采用的是标准雷电压全波。试验时要逐级升高冲击电压峰值,第一次施加的电压峰值约为试样击穿电压的 70%,以后每级增加第一级电压的 10% 左右,直到发生击穿。每次施加电压的时间间隔不少于 30 s,试样在击穿时至少要经受 3 次冲击电压,即击穿要发生在第三次冲击或以后,否则就应降低一级电压峰值,重新进行试验。

绝缘材料在冲击电压下的介电强度是以冲击电压的峰值与绝缘材料的平均厚度之比来衡量的。因此,击穿必须发生在全波的峰值或波尾,而不能发生在波头。若发生在波头就要降低电压继续进行试验。

4) 叠加电压下的介电强度试验

电气设备在使用中,有时要承受两种或两种以上的电压,如直流电压上叠加交流电压或冲击电压、交流电压上叠加冲击电压等。为了考验电气设备承受这些叠加电压的能力,或研究在这些叠加电压下绝缘的介电特性,就需要进行叠加电压下的介电强度试验。

2.3.3　影响因素

介电强度会受到试验和环境条件的影响,这些影响因素主要有电压波形、电压作用时间、电场的分布和电压极性、试样的厚度和不均匀性、温度、湿度及大气压力。

1) 电压波形

绝缘材料在直流电压、工频电压以及冲击电压下的击穿机理不同,所测得的击穿场强也不同。工频电压下的击穿场强比直流电压和冲击电压下的低得多。因此,必须根据使用条件及试验目的选择合适的电压进行试验,在特殊情况下,还要求采用其中两种不同的电压叠加进行试验。此外,由于直流电压中含有交流分量,工频电压中含有高次谐波,冲击电压的波形不同,也会影响介电强度的试验结果。

2) 电压作用时间

无论是电击穿或热击穿,都需要有个发展过程。前者所需时间很短,在小于微秒级的时间内可以看出其影响,如冲击电压的波头较长,测得的击穿电压偏低;后者热的累积需要较长时间,在直流或工频电压下,随着施加电压的时间增长,击穿电压明显下降。当施加电压的时间很长时,还可能由于试样内存在局部放电或其他原因,使试样发生老化,从而降低击穿电压。

3) 电场的均匀性及电压的极性

材料的本征击穿场强是在均匀电场下测得的。但在例行击穿试验中,试样往往处于不均匀电场中。若电极边缘的电场强度比较高,那里就会首先出现局部放电,而后扩展到试样击穿。这样测得的击穿电压往往比本征击穿值低。在不均匀电场下,直流和冲击电压的极性对击穿电压有明显影响,如在针尖对平板电极系统中,当针尖电极为正极性时,击穿电压要比针尖电极为负极性时低,这是由于空间电荷的效应改变了电极间介质中的电场分布,从而影响了击穿电压。

4) 试样的厚度与不均匀性

试样的厚度越厚,电极边缘电场就越不均匀,试样内部的热量越不容易散发,试样内部含有缺陷的概率越大,这些都会使击穿场场强下降。对于薄膜试样,厚度减小,电子碰撞电离的概率就减小,也会使击穿场强提高。如图 2.3 − 1 所示为绝缘纸的击穿场强随纸的厚度增大而下降的曲线,对于不同的材料,在不同试验条件下测得的曲线是不同的。工程上用的绝缘材料往往含有各种杂质和缺陷,这些杂质和缺陷都会明显地降低试样的击穿场强。此外,材料中残留的机械应力也会使试样的击穿场强降低。

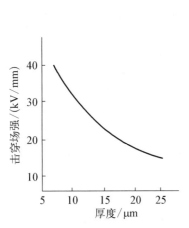

图 2.3 − 1　绝缘纸的击穿场强与
厚度的关系曲线

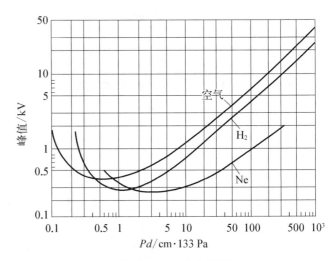

图 2.3 − 2　巴申曲线图

5) 环境条件

试样周围的环境条件,如温度、湿度以及大气压力等,都会影响试样的击穿场强。温度升高通常会使击穿场强下降。在材料的玻化温度范围内,击穿场强的下降最明显。而某些材料在低温区可能出现相反的温度效应,即温度升高,击穿场强也升高。湿度增大会使击穿场强下降。绝缘材料受潮后电导和介质损耗会增大,电场分布会改变,从而影响击穿场强。大气压力对击穿场强的影响主要是对气体而言的。气压高,电子在碰撞过程的自由行程就短,击穿场强会升高;但在接近真空时,由于碰撞的概率减少,也会使击穿场强升高。这一规律可以用如图 2.3 − 2 所示的巴申曲线来阐明。

2.3.4　其他

材料的本征介电强度是以均匀电场下的击穿场强来表征的。为了能使试样的击穿发生在均匀的电场中,必须把试样做成不同形状。在例行试验中,为了简单方便,不能要求试样击穿都发生在均匀电场中,通常试样的形状决定于材料原有的形状,如板、管、棒和带等。试样的厚度一般也决定于材料本身。如果太厚,会使击穿电压超过试验变压器的额定电压,或表面闪络难以解决,这时可将试样削薄,但加工后试样表面应保持光洁。对于纸或薄膜材料,可以模拟实际应用,将多层叠加在一起,施加一定压力压紧。这样做还可以减少因弱点存在而造成击穿场强的分散。

试样厚度的测量,一般是在沿通过击穿点的直径上测三点取平均值,这时,试样的厚度必须是均匀的。如果厚度不均匀,则应以击穿点的厚度来计算击穿场强。试样的面积要比电极面积大,使之在击穿前不会发生闪络。为了节省材料,电极面积不能太大;为了能暴露材料中存在的弱点,电极又不能太小,一般选取电极直径为 25 mm 或 50 mm。

由于工程材料的击穿场强很大程度上取决于其存在的弱点,而且击穿场强还受很多因素的影响,测得的击穿场强分散性较大,因此要尽量多用一些试样。试验标准中一般规定最少要取 5 个试样,以 5 个试样的击穿场强的平均值作为试验的结果。如果其中有一个数值偏离平均值超过 15%,则必须再取 5 个试样,最终以 10 个试样的平均值作为试验的结果。

试样在试验前必须经过处理,可参照 2.1.3 节第 5 小节。电极必须具有良好的导电、导热性能,一般由铜或不锈钢制成。电极表面要平整光滑,使之与试样表面接触良好。对于板材,可以用对称电极或不对称电极。对称电极边缘的电场要比不对称电极均匀些,但上下电极必须对准中心线,而不对称电极使用比较方便。

如果试样是放置在空气中进行击穿试验的,则会在电极边缘的空气中先出现局部放电。这会腐蚀试样,还会使试样的温度升高,最终导致试样在较低的电压下发生击穿。为了消除这种影响,除了电极的边缘要做成圆角之外,可将试样和电极浸入相对介电常数大、击穿场强又比较高的液体绝缘介质中,常用的有变压器油和硅油。

2.4　局部放电试验

在电气设备的绝缘系统中,各部位的电场强度往往是不相等的,当局部区域的电场强度达到该区域介质的击穿场强时,该区域就会放电,但这放电并没有贯穿施加电压的两导体之间,即整个绝缘系统并没有击穿,仍然保持绝缘性能,这种现象称为局部放电。发生在绝缘体内的局部放电称为内部局部放电;发生在绝缘体表面的局部放电称为表面局部放电;发生在导体边缘而周围都是气体的局部放电可称为电晕。

局部放电会逐渐腐蚀、损坏绝缘材料,使放电区域不断扩大,最终导致整个绝缘体击穿。因此,必须把局部放电限制在一定水平之下。电气设备的局部放电测量为检查产品质量的重要指标,产品不但出厂时要做局部放电试验,而且在投入运行之后还要经常进行测量。

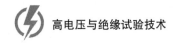
2.4.1　基本定义

局部放电是一种复杂的物理过程,有电、声、光、热等效应,还会产生各种生成物。从电方面分析,在放电处有电荷交换、电磁波辐射和能量损耗。最引人注目的是试品施加电压的两端会有微弱的脉冲电压出现。

1) 介质内部的局部放电

如图 2.4-1(a)所示为模拟含有一个小气泡的绝缘体,图中 c 是绝缘体中的小气泡,b 是与气泡串联的部分介质,a 是其他部分介质。从电路的观点来分析,可以用如图 2.4-1(b)所示的等效电路图来表示,图中 C_c、R_c 并联代表气泡 c 的阻抗,C_b、R_b 并联代表 b 的阻抗,C_a、R_a 并联代表 a 的阻抗。由于一次放电时间很短($10^{-9} \sim 10^{-7}$ s),在分析放电过程中这种高频信号的传递时,可以把电阻都忽略,只考虑由 C_c、C_b、C_a 组成的等效回路。

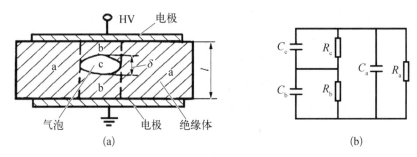

图 2.4-1　局部放电的等效分析图

(a) 模型图;(b) 等效电路图

当工频高压施加于这个绝缘体的两端时,如果气泡上承受的电压没有达到气泡的击穿电压,则气泡上的电压 u_c 就随外加电压的变化而变化。若外加电压足够高,则当 u_c 上升到气泡的击穿电压 u_{cb} 时,气泡放电,放电过程使大量中性气体分子电离,变成正离子和电子或负离子,形成了大量的空间电荷。这些空间电荷在外加电场作用下迁移到气泡壁上,形成了与外加电场方向相反的内部电压 $-\Delta u_c$。如图 2.4-2 所示,这时气泡上的剩余电压 u_r 应是两者的叠加结果,有

$$u_r = u_{cb} - \Delta u_c < u_{cb} \qquad (2.4-1)$$

即气泡上的实际电压小于气泡的击穿电压。于是气泡的放电暂停,气泡上的电压又随外加电压的上升而上升,直到重新到达 u_{cb} 时,又出现第二次放电。第二次放电过程产生的空间电荷同样也建立起反向电压 $-\Delta u_c$。假定第一次放电累积的电荷都没有泄漏掉,这时气泡中反向电压为 $-2\Delta u_c$,又使气泡上实际的电压下降到 u_r,于是放电又暂停。之后,气泡上的电压又随外加电压上升而上升,当它达到 u_{cb} 时又产生放电。这样在外加电压达到峰值之前,若放电 n 次,则放电产生的空间电荷所建立的内部电压为 $-n\Delta u_c$;在外加电压达到峰值

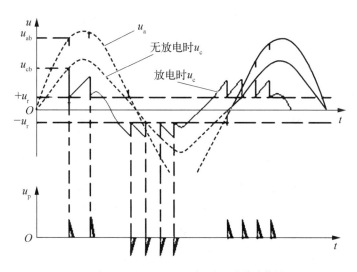

u_c—气泡上的电压；u_p—放电产生的脉冲信号

图 2.4 - 2　放电过程示意图

后，u_c 开始下降，当气泡上的电压达到 $-u_{cb}$ 时，即

$$-n\Delta u_c + u_c = -u_{cb} \tag{2.4-2}$$

此时，气泡又放电，但这时放电产生的空间电荷的移动方向取决于内部空间电荷所建立的电场方向。于是中和掉一部分原来累积的电荷，使内部电压减少了 Δu_c。气隙上的电压降达到 $-u_r$，放电又暂停。之后，气隙上的电压又随外加电压的下降向负值升高，直到重新达到 $-u_{cb}$ 时，放电又重新发生。假定每次放电产生的 Δu_c 都一样，并且 $u_{cb} = |-u_{cb}|$，则当外加电压（瞬时值）过零时，放电产生的空间电荷都消失，于是在外加电压的下半周期，一个新的放电周期重新开始。通常介质内部气泡的放电在正负两个半周内是基本相同的，在示波屏上可以看到正负半周放电脉冲是基本对称的图形，如图 2.4 - 3 所示。

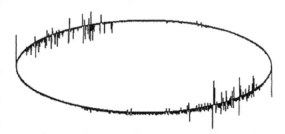

图 2.4 - 3　局部放电图(介质内部气泡)

从实际测得的放电图可以看出，放电没有出现在试验电压过峰值的一段相位上，这与上述放电过程的解释是相符的，但每次放电的大小（即脉冲的高度）并不相等，而且放电多出现在试验电压幅值绝对值上升部分的相位上，只有在放电很剧烈时，才会扩展到电压绝对值下降部分的相位上，这可能是由于实际试品中往往存在多个气泡同时放电，或者是只有一个大气泡，但每次放电不是整个气泡表面上都放电，而只是其中的一部分，显然每次放电的电荷不一定相同。另外，还可能在反向放电时，不一定会中和掉原来累积的电荷，而是正负电荷都累积在气泡壁的附近，由此产生沿气泡壁的表面放电。此外，气泡壁的表面电阻也不是无限大，放电时气泡中又会产生窄小的导电通道，这都会使得一部分放电产生的空间电荷泄漏

掉,累积的反向电压要比 $n\Delta u_c$ 小得多,如果 $|-n\Delta u_c|<|-u_{cb}|$,则在电压下降部分的相位上就不会放电。这些实际情况就使得实际放电图形与理论分析不完全一样。

2) 介质表面的局部放电

绝缘体表面的局部放电过程与内部放电过程是基本相似的。只要把电极与介质表面之间放电的区域所构成的电容记为 C_c,与此放电区域串联部分介质的电容记为 C_b,其他部分介质的电容记为 C_a,则上述的等效电路及放电过程同样适用于表面局部放电。不同的是,现在的气隙只有一边是介质,而另一边是导体,放电产生的电荷只能累积在介质的一边,因此累积的电荷少了,更不容易在外加电压绝对值的下降相位上放电。另外,如果电极系统是不对称的,放电只发生在其中一个电极的边缘,则出现的放电图形是不对称的。当放电的电极是接高压、不放电的电极是接地时,在施加电压的负半周放电量少,放电次数多;而正半周放电量大,而次数少,如图 2.4-4 所示。这是因为导体在负极性时容易发射电子,同时正离子撞击阴极产生二次电子发射,使得电极周围气体的起始放电电压降低,因而放电次数多而放电量小。如果将放电的电极接地,不放电的电极接高压,则放电的图形也反过来,即正半周放电脉冲小而多,负半周放电脉冲大而少。若电极是对称的,即两个电极边缘场强是一样的,那么放电的图形也是对称的,即正负两半周的放电基本上相同。

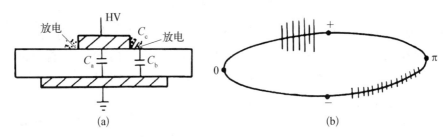

图 2.4-4　局部放电图(表面)
(a) 放电模型;(b) 放电图形

3) 电晕放电

电晕放电发生在导体周围全是气体的情况下,气体中的分子是自由移动的,放电产生的带电质点也不会固定在空间的某一位置上,因此放电过程与上述固体或液体绝缘中含有气泡的放电过程不同。以针对板的电极系统为例,如图 2.4-5(a)所示,在针尖附近场强最高,当外加电压上升到该处的场强达到气体的击穿场强时,在针尖附近就会放电。由于在负极性时,针尖容易发射电子,同时正离子撞击阴极发生二次电子发射,使得放电总是在针尖为负极性时先出现,这时正离子会很快移向针尖电极而复合;电子在移向平板电极过程中,附着于中性分子而成为负离子;负离子迁移的速度较慢,众多的负离子存在于电极之间,使得针尖附近的电场强度降低,于是放电暂停。之后,随着负离子移向平板电极,或外加电压上升,针尖附近的电场又升高到气体的击穿场强,于是又出现第二次放电。这样,电晕的放电脉冲就出现在外加电压负半周 90°相位的附近,几乎是对称于 90°,出现的放电脉冲几乎是等幅值、等间隔的,如图 2.4-5(b)所示。随着电压的提高,放电大小几乎不变,而次数增加。当电压足够高时,在正半周也会出现少量幅值大的放电。正负半周波形是极不对称的,如图 2.4-5(c)所示。

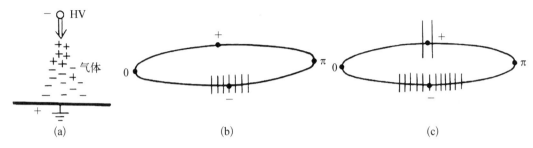

图 2.4-5 局部放电图(电晕)

(a) 放电模型;(b) 起始放电时的放电图形;(c) 电压很高时的放电图形

以上三种放电是电气和电子设备中最基本的局部放电。此外,在电气设备中也可能出现由于导体连接不好而产生接触不良引起的放电,以及金属体因为没有电的连接成为悬浮电位体而产生的感应放电等。

4) 局部放电的表征参数

(1) 视在放电电荷量。

绝缘体中发生局部放电时,绝缘体上施加电压的两端出现的脉动电荷称为视在放电电荷。视在放电电荷的大小是这样测定的:将模拟实际放电的已知瞬变电荷注入试品的两端(施加电压的两端),在此两端出现的脉冲电压与局部放电时产生的脉冲电压相同,则注入的电荷量即为视在放电电荷量,单位为皮库(pC)。在一个试品中可能出现大小不同的视在放电电荷,通常以稳定出现的最大的视在放电电荷作为该试品的放电量。

视在放电电荷 q_a 与放电处(如气泡内)实际放电电荷 q_c 之间的关系可以通过等效电路[见图 2.4-1(b)]推出。当气泡中产生放电时,气泡上的电压变化为 Δu_c,这时气泡两端电荷的变化即实际放电电荷

$$q_c = \Delta u_c \left(C_c + \frac{C_a C_b}{C_a + C_b} \right) \qquad (2.4-3)$$

通常 $C_a \gg C_b$,所以

$$q_c = \Delta u_c (C_c + C_b) \qquad (2.4-4)$$

由于一次放电过程时间很短,远小于电源回路的时间常数,电源来不及补充电荷,因而 C_a、C_b 上的电荷要重新分配,使 C_a 两端电压变化为 Δu_a,C_b 上的电压变化为 Δu_b,显然

$$\Delta u_c = \Delta u_a + \Delta u_b = \Delta u_a \frac{C_a + C_b}{C_b} \approx \Delta u_a \frac{C_a}{C_b} \qquad (2.4-5)$$

试品两端瞬变的电荷（即视在放电电荷）

$$q_a = \Delta u_a \left(C_a + \frac{C_c C_b}{C_c + C_b} \right) \approx \Delta u_a C_a \approx \Delta u_c C_b \qquad (2.4-6)$$

联立式（2.4-4）和式（2.4-6）可得

$$q_a = q_c \left(\frac{C_b}{C_c + C_b} \right) \qquad (2.4-7)$$

由此可见，视在放电电荷总比实际放电电荷小。在实际产品测量中，有时视在放电电荷只有实际放电电荷的几分之一，甚至几十分之一。

（2）放电能量。

气泡中每一次放电发生的电荷交换所消耗的能量称为放电能量，通常以微焦耳（μJ）为单位。气泡放电时，气泡上的电压由 u_{cb} 下降到 u_r，相应的能量变化

$$W = \frac{1}{2} \left(C_c + \frac{C_a C_b}{C_a + C_b} \right) (u_{cb}^2 - u_r^2) \approx \frac{1}{2} (C_c + C_b) u_{cb} \Delta u_c \qquad (2.4-8)$$

设外加电压上升到幅值为 u_{im} 时放电，将 $u_{cb} = \dfrac{u_{im} C_b}{C_c + C_b}$ 代入上式，可得

$$W = \frac{1}{2} (C_c + C_b) \frac{u_{im} C_b}{C_c + C_b} \Delta u_c = \frac{1}{2} u_{im} C_b \Delta u_c \approx \frac{1}{2} u_{im} q_a = \frac{\sqrt{2}}{2} u_i q_a \qquad (2.4-9)$$

式中，u_i 为外加电压的有效值。

在起始放电电压下，每次放电所消耗的能量可用外加电压的幅值或有效值与视在放电电荷的乘积来表示。当施加电压高于起始放电电压时，在半个周期内可能出现多次放电。这时各次放电能量可用视在放电电荷与该次放电时外加电压瞬时值的乘积来表示。

（3）放电相位。

若各次放电都发生在外加电压作用之下，则每次放电时外加电压的相位即为该次放电的相位。在工频电压下，放电相位与放电时刻的电压瞬时值密切相关。前后连续放电的相位之差可代表前后两次放电的时间间隔。

（4）放电重复频率（放电次数）。

在测量时间内，每秒钟放电次数的平均值称为放电重复率，单位为次/秒。实际上，受到测试系统灵敏度和分辨能力的限制，测得的放电次数只能是视在放电电荷大于一定值、放电间隔时间足够大时的放电脉冲数。

（5）平均放电电流。

设在测量时间 T 内放电 m 次，各次相应的视在放电电荷分别为 q_1, q_2, $\cdots$, q_m，则平均放电电流为

$$I = \sum_{i=1}^{m} |q_i| / T \qquad (2.4-10)$$

这个参数综合反映了放电量及放电次数。

（6）放电功率。

设在测量时间 T 内放电 m 次，各次对应的视在放电电荷何和外加电压瞬时值的乘积分别为 $q_1 u_{t1}$，$q_2 u_{t2}$，…，$q_m u_{tm}$，则放电功率为

$$P = \sum_{i=1}^{m} q_i u_{ti} / T \qquad (2.4-11)$$

这个参数综合表征了放电量、放电次数以及放电时外加电压瞬时值，它与其他表征参数相比，包含了更多的局部放电信息。

（7）起始放电电压。

当外加电压逐渐上升，达到能观察到出现局部放电时的最低电压即为起始放电电压。为了避免因测试系统灵敏度的差异而造成的测试结果不可对比，实际上各种产品都规定了一个放电量的水平，当出现的放电达到或一出现就超过这个水平时，外加电压的有效值就作为放电起始电压值。

（8）熄灭电压。

当外加电压逐渐降低到观察不到局部放电时，外加电压的最高值就是放电熄灭电压。在实际测量中，为了避免因测试系统灵敏度的差异而造成测量结果的不可对比，一般也是规定一个放电量水平，当放电不大于这一水平时，外加电压的最高值即为熄灭电压值。

2.4.2　测量方法

根据局部放电产生的各种物理、化学现象，如电荷的交换、电磁波辐射、发声、发光、发热及生成物，有多种测量局部放电的方法。这些方法大体上可以分为两大类，一类是电测法，另一类是非电测法。

电测法是根据局部放电产生的各种电现象来测量局部放电的方法。如根据放电时在放电处会产生电荷交换，于是在一个与之相连的回路中就会产生脉冲电流，通过测量此脉冲电流来测量局部放电的方法称为脉冲电流（electrical research association，ERA）法；根据放电时会产生电磁波辐射，通过不同方法来接收此电磁波，并用测量仪表测其电压幅值来检测局部放电的方法称为无线电干扰电压（radio influence voltage，RIV）法；根据放电时会有电能损耗，通过各种电桥测得损耗因数的增量 $\Delta\tan\delta$ 或一个工频周期内损耗的能量来测量局部放电的方法称为电桥法。

非电测法是根据局部放电产生的各种非电的信息来测量局部放电的方法。非电测量法有一明显的优点，即在测量中不受电气的干扰，但它的一般灵敏度低，不能用视在放电电荷

来定量。常用的非电测法有声测法、光测法、色谱分析法。声测法是通过测量局部放电产生的声波来测量局部放电的方法。光测法一般是通过测量局部放电发出的光通量来测量局部放电的方法。色谱分析法是对从有矿物油的结构中萃取出的油分解气体进行色谱分析确定其组成和浓度,从而判断局部放电状态的方法。

在上述各种方法中,脉冲电流法可以根据局部放电的等效电路来标定视在放电电荷,而且测量的灵敏度高,是目前应用最广的方法。

在绝缘体(试品)的某一区域发生局部放电时,绝缘体两端(施加电压的两端)就会有脉冲电荷出现,详细原理请见 2.4.1 节。如果用耦合电容和检测阻抗与试品构建脉冲电流流通回路,测量检测阻抗采集到的电压波形就能得到试品的视在放电量。

耦合电容、检测阻抗和试品构建的回路一般有三种,分别为并联测量回路、串联测量回路和桥式测量回路,如图 2.4-6 所示。

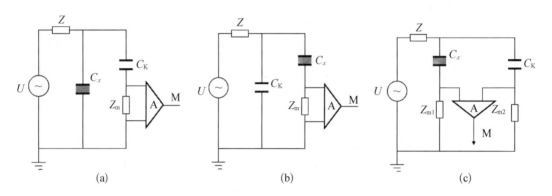

C_x—试品;C_K—耦合电容;Z_m—检测阻抗;A—放大器;M—量测仪器。

图 2.4-6 耦合电容、检测阻抗与试品构建的回路类型

(a)并联测量回路(适用于试品一端接地的情况);(b)串联测量回路(试品的低压端接地可以解开);(c)桥式测量回路(抗外部干扰的性能较好)

以并联测量回路为例,当试品 C_x 两端出现视在放电电荷 q_a 时,试品两端的脉冲电压为

$$\Delta u_x = \frac{q_a}{C_x + \dfrac{C_K C_d}{C_K + C_d}} \tag{2.4-12}$$

式中,C_d 为检测阻抗 Z_m 的等效电容。

Δu_x 所含的主要频率分量是很高的,所以在检测阻抗上分配到的脉冲电压 u_d 可以简化为按 C_K 与 C_d 分压来计算,即

$$u_d = \Delta u_x \frac{C_K}{C_K + C_d} = \frac{q_a}{C_d + \left(1 + \dfrac{C_d}{C_K}\right) C_x} \tag{2.4-13}$$

当测试回路中 C_x、C_K、C_d 确定时,u_d 与 q_a 成正比。通过一定的校正方法,就可以用测

得的 u_d 代表视在放电量 q_a。

上述测量系统所显示的脉冲幅值代表多少放电量(视在放电电荷 q_a),还需要对测量系统进行分度校正,才能定量。

把试品与整个测量系统连接好之后,用已知的模拟放电产生的瞬变电荷 q_0 注入试品的两端(施加在高电压的两端),把测量系统的灵敏度调到合适的状态(在示波器上能看到约 20 mm 高度的脉冲幅值),记下这时显示器上响应的读数为 α_0,则可得分度系数

$$K = q_0/\alpha_0 \qquad (2.4-14)$$

随后,将校正脉冲发生器拆除(因为一般校正脉冲发生器承受不了高电压),保持测试系统的测量灵敏度不变,对试品施加规定的试验电压,这时若试品有局部放电,则在显示器上又出现响应的读数 α_x,于是试品的放电量为

$$q_a = K\alpha_x \qquad (2.4-15)$$

已知的瞬变电荷 q_0 是由一个校正脉发生器产生一个脉冲电压,并通过一个分度电容 C_0 耦合到试品的两端,在满足 $C_0 < \dfrac{1}{10}\left(C_x + \dfrac{C_K C_d}{C_K + C_d}\right)$ 时

$$q_0 = C_0 u_0 \qquad (2.4-16)$$

分度电容 C_0 与校正脉冲电压的幅值 u_0 都是已知值,因此可以算出 q_0。

小气隙的一次放电时间一般为 $10^{-9} \sim 10^{-7}$ s。为了模拟放电脉冲,同时又要避免产生峰值过冲振荡,标准规定校正脉冲电压的上升沿时间不大于 60 ns,脉冲波持续时间(脉冲衰减到幅值的 10% 时所需要的时间)不小于 100 μs。同时为了模拟在试品中产生的局部放电瞬变电荷,校正脉冲电压经分度电容后应接在试品的两端,即 q_0 是出现在试品 C_x 两端的电荷。

2.4.3　影响因素

局部放电的各表征参数与很多因素有关,除了介质特性和气泡状态以外,还与施加电压的幅值、波形、频率、作用时间以及环境条件等有关。除此之外,在进行局放试验的时候,还应注意抗干扰的问题。

1) 电压幅值

随着电压升高,放电量和放电次数一般都趋向于增加。主要原因如下:

(1) 在电气产品中,往往存在多个气泡,随着电压升高,更多、更大的气泡开始放电。在有液体的组合绝缘中,电压愈高,放电愈剧烈,产生的气泡愈多,放电量和放电次数都增大。

(2) 即使是单个气泡,在较低电压下,只有气泡中很小的部分面积放电,随着电压升高,放电的面积增大,而且有更多的部位放电,于是放电量和放电次数都增加。

(3) 在表面放电中,随着电压升高,放电沿表面扩展,即放电的面积增大,放电的部位增多。

由于气体经电离后击穿电压会降低,本来在某一电压下没有局部放电的试品,一旦在更高的电压下放电,即使再将电压降到原来的水平,放电还可能继续。对于含有液体的绝缘系统,如果液体的吸气性能不好,在较高的电压下放电所产生的气体也会使放电熄灭电压降低。因此在局部放电测量中,在进行第二次重复试验时,必须让试品有足够的"休息"时间。

2) 电压的波形和频率

当工频电压中含有高次谐波时,会使正弦波的顶部变为尖顶或平顶,这取决于含 n 次谐波及其与基波的相位差。当正弦畸变为尖顶波时,其幅值增大,于是放电起始电压降低,放电量和放电次数都有明显增加。若畸变为平顶波,只有当高次谐波分量较大时,比如对于三次谐波而言要大于20%时,由于峰值被拉宽,放电次数有较明显增加,放电量略有增加,起始电压略有升高。

提高电压频率将明显增大放电重复率,但只要测试系统有足够的分辨能力,对于测得的放电量不会有明显影响。

3) 电压作用时间

气体放电有一定的随机性,电压作用的时间长,如升压的速度慢或用逐级升压法升压,测得的起始放电电压会偏低。在电压的长期作用下,局部放电会使绝缘材料发生各种物理和化学反应,如试品中气泡的含量、气泡中气体的压力、气体的成分、气泡壁上的电导率、介电常数等都可能发生变化,这些变化都将导致局部放电状态的变化。

在一般情况下,随着电压作用时间的增加,局部放电会变得更加剧烈。如在液体和固体的组合绝缘中,如果液体的吸气性不是很好,气泡会愈来愈多。在固体材料中会产生新的裂纹,产生低分子分解物和增塑剂挥发物,这些都会形成新的气泡。在放电部位出现树枝状的放电也会加剧局部放电。在绝缘体表面放电中,由于放电的范围扩大也会使放电加剧。

在有些情况下,随着电压作用时间的增加,在一定时间内放电反而衰减,甚至观察不到,出现这种"自衰"现象的原因可能有以下几点:

(1) 在封闭气隙中,由于放电放出的气体增加,使气泡中的气压增高,这时气泡的击穿电压可能提高,放电就熄灭了。另一种情况是放电产生的气体少于放电时消耗掉的气隙中的氧气,这样气隙中的气压可能降低,当气压低到一定程度之后,放电从脉冲型转变为非脉冲型,于是在脉冲型的检测仪器上就观察不到这种放电。

(2) 气隙壁上介质的特性发生变化,如许多有机材料在局部放电的长时间作用下,材料被碳化,可能使放电气泡短路或者使放电点电场均匀化,从而使放电暂时变弱。随着时间加长,被腐蚀碳化点的周围,由于电场集中又可能出现新的放电,使放电出现起伏。

(3) 有些放电源可能消失,如在导体边上的小毛刺在放电过程可能会被烧掉。有些连接点接触不好产生放电,时间长了可能烧结在一起,就不会再放电了。

4) 环境条件

环境的温度、湿度、气压都会对局部放电产生影响。

（1）温度升高一方面会使气泡中的压力增大,液体的吸气性能改善,这将有利于减弱局部放电;另一方面会加速高聚物分解,挥发低分子物质,这又可能加剧局部放电。

（2）湿度对表面放电有很大影响。在极不均匀的电场中,由于湿度大,增大了电导和介电常数,改善了那里的电场分布,从而减少了那里的局部放电。但对某些憎水性材料,在湿度较大时,表面会形成水珠,在水珠附近的电场集中而形成新的放电点。对于层压制品和纤维材料,在湿度大时吸进的水分汽化,也会加剧局部放电。

（3）大气压力会明显影响外部的局部放电。高原地区气压低,起始放电电压较低,因此,局部放电问题就显得更严重。对于许多充以 N_2 或 SF_6 等气体为绝缘的电气设备,如果气压降低就容易发生局部放电而导致击穿。

5）抗干扰

由于局部放电的信号非常弱小,频谱又很宽,在测量时往往会遇到外来的干扰比被测的信号还要大的情况。特别是在工厂或变电站中做局部放电试验时,抗干扰成为一个很难解决的问题。因此,识别各种干扰的来源,采用相应的措施来抑制干扰,提高信噪比,就成为局部放电测试技术中很主要的部分。

除了测试装置的背景噪声之外,干扰的来源可以归纳为三个方面：来自空间的干扰、来自电源的干扰和在试验回路中试样之外的放电。找出干扰的来源和类型,便可以采取相应措施来抑制干扰。

为了抑制来自空间的干扰,可以用导电、导磁性能良好的金属体,把试验区的空间屏蔽起来,静电场、电磁场进入这个空间时会发生很大的衰减,衰减的程度与屏蔽层的厚度,屏蔽材料的电导率、磁导率以及被屏蔽的电磁场频率有关。良好的屏蔽室可以使 100 kHz 左右的电磁干扰衰减 60 dB 以上。

为了抑制来自电源的干扰,可以用隔离变压器把电源的地线与测试回路的地线分开。为了消除变压器中一次绕组与二次绕组之间的分布电容对干扰电压的耦合作用,在低压绕组边加一个屏蔽层,把它与电源的地线连接,在高压绕组边加一屏蔽层,把它与测试回路的接地点连接,这样可以减小电源端引入的干扰。

为了抑制在试验回路中试样之外的放电,可以先寻找放电点,采取措施消除放电,比如更换直径更粗的导线以消除高压引线上的电晕,将接触不良的部位连接好,将不接地的金属物体良好接地消除悬浮感应放电。如果找不到放电点或者放电无法消除,则可以通过滤波的方式,将干扰分量滤掉,仅保留试品放电的信号。

2.4.4　其他

1）直流电压下的局部放电特点

在直流电压下,局部放电的过程与在交流电压下的过程不同。当对试品施加直流电压时,在升压的过程中,试品上的电压变化比较快,这时气泡与介质中的电压分配与在交流电压下的一样,是按电容分配的。当外加电压升到一个稳定的直流电压时,气隙上的电压并没有达到稳定值,而是由电容分配开始过渡到按电阻分配的过滤过程,最后才稳定在按电阻分配的分压状态。

在直流电压下,因为局部放电有可能自熄,所以放电重复率是评价局部放电最重要的参数。假如当放电多次后,局部放电不再出现,这时虽然有很大的放电量,但最后停止了,这对绝缘不会产生很大的危害。如果外加电压很高,电荷又容易泄漏,则放电就会持久、重复出现,重复率愈高,对绝缘的危害愈大。因此在直流电压下的放电重复率是人们最关心的一个参数。

放电重复率与许多因素有关,施加的电压增高、气泡的起始放电电压降低都会使放电重复率升高。这点与交流电压下的情况相同,不同的是它还与时间常数有关,时间常数增大,放电重复率减小,所有影响时间常数的因素都会影响重复率,如温度升高、电压升高都会使电导率增加而使时间常数变小。

前文所述的在交流电压下对起始放电电压和放电熄灭电压的定义,在直流电压下已不适用。因为在直流电压下出现一次放电后,可能要隔很长时间才会出现第二次放电,因此有些标准规定:将在一分钟内能出现二次放电时的外加电压有效值作为直流起始放电电压。至于放电熄灭电压,在直流电压下是没有意义的,即使外加电压降到零,由于气泡中累积的放电电荷所建立的电场,也还可能放电。

在直流电压下,局部放电的危害要比在交流电压下小,但在电压很高(如 500 kV 以上)、温度较高的情况下也还是不能忽视的。

2) 冲击电压下的局部放电特点

在高电压电力系统中,许多电气设备如变压器、电缆、电容器等,都可能遭受大气过电压和操作过电压的作用,这些过电压都是幅值很高、时间很短的冲击电压。在这些冲击电压作用下,也会产生局部放电而损害绝缘系统。有些电气设备是在冲击电压下工作的,如脉冲变压器、脉冲电容器、粒子加速器等,因此,在冲击电压下的局部放电问题也开始引起人们的关注。

在冲击电压下,绝缘体中气隙的放电过程也可以用如图 2.4-1 所示的等效电路来分析,这时,气泡和介质中的电场分布取决于介电常数。气泡中的场强与介质的介电常数、气泡中气体的介电常数和气泡的形状、大小有关。

当对试品施加 1.2/50 μs 的标准全波冲击电压时,气泡上的电压将随外加电压的上升而上升。一旦电压上升到气泡的击穿电压时,气隙放电,放电产生的电荷所建立的反向电压使放电暂停,由于气体发生击穿有赖于气体中存在的自由电子,在一个小气泡中,在冲击电压作用的极短时间内,出现自由电子的机会是很少的,因此,在这一冲击电压下,气泡第一次的击穿电压是很高的,这时整个气泡产生剧烈的放电,由此产生大量的空间电荷,建立起很高的反向电压。之后,气泡上的电压随外加电压的下降向负极性上升,直到内部反向电压与外加电压之差达到反向的击穿电压时,气泡又放电。在外加电压的波尾,有可能出现好几次放电。由此可见,在一次冲击电压作用下有可能发生多次放电。其中第一次放电比其后几次的放电大得多,称之为主放电。它不但与气泡的形状、尺寸、气压等因素有关,也与施加电压的波形、幅值有关。冲击电压上升愈快,主放电的起始放电电压愈高,电气放电量也愈大。

在冲击电压下,局部放电的起始电压是以 50%起始放电时的冲击电压来表示的,即以出现局部放电的次数占施加冲击电压次数的 50%时的外加冲击电压的幅值作为冲击起始放电电压。

3) 在设计和选用局部放电测试的线路和装置时应考虑的基本要求

(1) 灵敏度。

测试系统的灵敏度是以在一定的试品电容量下能够测到的最小视在放电电荷来表征的。一般要求它要小于试品标准中规定的允许视在放电电荷的一半。

(2) 分辨率。

测试系统的分辨能力是以连续两个放电脉冲因叠加而造成的误差不超过该脉冲幅值的 10%时两个脉冲的间隔时间(亦称分辨时间)来表示的。IEC 标准规定其为 $10~\mu s$。

(3) 抗干扰能力。

测试系统的抗干扰能力是以干扰的衰减或压抑比(采取抗干扰措施前后干扰大小的比值)来表示。一般把试品放电信号之外的所有的脉冲和高次谐波都视为干扰噪声。要求信噪比大于 2。

4) 放电位置的测定

在一个复杂的电气设备中,发生在不同部位的放电对绝缘的破坏作用是不同的,它们在测量端产生的响应也是不同的。测定局部放电的位置,对于准确测定放电量、判断其对绝缘的危害以及设备维修、改进产品设计与工艺等都有重要的意义。变压器、电缆以及电机的局部放电定位技术尤其令人关注。

(1) 变压器的局部放电定位技术。

变压器的结构复杂而庞大,定位问题显得更为突出。目前已提出了很多方法,其中最主要的是电测法的多端测量定位和声测法定位两种方法。

(2) 长电缆的局部放电定位技术。

在长电缆中发生局部放电时,可以用行波法来测定放电的位置。

(3) 电机的局部放电定位技术。

在整台电机中,要找出是哪一个槽放电,可以用一根探针深入通风槽,电机中槽放电的信号会被探针接收,经选频调谐放大后,在示波器上可以观察到。移动探针的位置,当示波器上观察到的信号最大时,探针对应的位置就是放电的位置。也可以用绕有线圈的马蹄形铁芯紧贴在电机的槽口上移动,当接收到的信号最大时,铁芯所在的位置即放电的位置。

第3章

高电压与绝缘科学研究试验

高电压与绝缘技术学科作为电气工程的二级学科之一,主要研究方向以设备绝缘状态为基础,涉及气体击穿、固体/液体击穿、气体放电等离子体、局部放电、沿面放电等多个方向。电力能源的生产、储存、传输、配网和终端用户等五个环节中的主要设备包括发电机、电容器、输电线及附属设备、电力电缆、变压器、断路器、GIS、避雷器、开关柜、电动机等,其绝缘状态和可靠性都将在不同程度上影响电力能源整体安全性,因此提升电力能源整体的安全性应首先确保每台电力设备的可靠性。在全世界广大工程师和科研人员的共同努力下,在电力设备整个全寿命周期的不同阶段总结了不同的标准,当设备满足这些标准时,可以认为电力设备的状态和可靠性是得到保障的。在产品设计定型阶段,其标准主要是衡量工厂的研发试验的结果,目的是验证设计是否合理,是否能够满足功能需求。在产品批量生产之前,则是为了验证产品能否满足技术规范的全部要求所进行的试验。它是新产品鉴定中必不可少的一个环节。只有通过相关试验,该产品才能正式投入生产。此外,针对某些电力设备,往往还要通过预鉴定试验验证其在长期运行中能否达到设计预期寿命。在产品定型后的批量生产过程中,为了控制产品生产质量的稳定性,一般会进行例行试验和产品抽检等。为保证出厂产品达到有关技术标准和用户规定的要求,还需要进行出厂检验,它适用于指导企业对所有成品进行最终检验。产品自出厂后,要经过运输和安装的过程,为确保产品不因运输原因或安装过程中的工艺和现场外界条件的限制而导致性能降低或丧失,以及为了验证产品与系统其他设备之间的配合程度,需要开展竣工试验或者交接试验。

除了针对设备层面的标准之外,对于保障设备正常工作的绝缘材料和绝缘结构的底层物理性质,特别是电学性质的科学研究也应给予足够的关注,因为这些科学研究是工程标准的机理支撑和关键依据,是提出工程标准不可或缺的研究前提。本章将针对高电压与绝缘范畴的科学仪器和对应物理参数及现象的研究进行介绍,包括空间电荷、表面电位、电树枝和陷阱测量等。

3.1 空间电荷测量

空间电荷形成的原因和陷阱能级有密不可分的关系,下面我们从微观上来分析空间电荷是如何形成的。量子力学中给出了能带的描述：假设固体物质中有 N 个原子，每一个原子都会受到其他原子产生的电场和磁场的作用，使孤立的能级变为了 N 条靠得非常紧密的能级，称为能带。进一步地，由固体物理中的能带理论知识可以知道，固体的能带有导带和价带，直观来说，价带上吸收了足够能量的电子跃迁到本是空带的导带上，参与导电，形成电流，而价带上由于电子的跃迁而形成的空穴可以由满带（排满电子的能带）中的电子"填充"，形成空穴电流。能带理论的出现可以完整地从微观上解释导体、半导体和绝缘体的导电机理。其中，导体的满带和导带有相互重叠的部分，电子只要获得一点点能量，即可定向移动，形成电流；半导体的导带和满带之间有一个宽度较小的禁带（通常为 0.1～2 eV），只有当电子获得的能量大于禁带宽度时，电子才可以跃迁到导带中参与导电；而绝缘体（介质）的导带和满带之间有一个宽度较大的禁带（通常为 3～6 eV），电子很难从外界获得那么高的能量去跃迁到高能级的空带。

　　然而，上述的能带理论适用于晶体，相比之下，聚合物的能带结构要复杂一些。聚合物在微观结构上失去了晶体本身拥有的"长程有序"特性，仅仅保留了反映邻近原子之间的相互作用的"短程有序"特性。这导致了聚合物的能带结构中不仅有价带和导带，还存在着许许多多的局域态，即所说的陷阱，这些由于陷阱俘获而滞留在介质内的电荷即为空间电荷。可见，空间电荷的形成主要原因就在于介质的能带结构中有大量陷阱的出现，而陷阱形成的原因多种多样，主要包括聚合物晶区和非晶区的界面、聚合物中的杂质、分子链的折叠等。

3.1.1　空间电荷的定义及来源

　　空间电荷是指被陷阱捕获后驻留在绝缘体内或表面的电荷，以及不均匀极化引起的界面极化电荷，它能在一定时间内稳定存在，但不能自由移动。空间电荷的来源主要有三个方面。其一是不均匀极化引起的电荷，诸如偶极子极化和界面极化等。电介质内永久偶极子在直流电场下取向极化，在试样的表面形成束缚电荷。双层介质的介电常数和电导率不匹配，在界面处形成的电荷层也属于空间电荷。其二是电极注入电子和空穴形成的空间电荷，一般电场强度达到一定值时，由于肖特基效应和量子隧穿效应，电极中的电子和空穴将会注入材料中，并向材料内部迁移。其三是杂质热解离形成的空间电荷。杂质包括材料在制造过程中引入的添加剂、副产物以及水分等。在外电场作用下，杂质分子热离子化会产生阳离子与电子，或者阳离子与阴离子。它们中的大多数会在很短时间内重新结合，没有重新结合的电子会迁移到阳极，或在迁移过程中被陷阱所捕获。残余的迁移率较低的正离子会在试样内部形成稳定分布的正空间电荷。

　　空间电荷的出现导致了电场的畸变，由泊松方程

$$\boldsymbol{V} \cdot E(x, t) = \frac{\rho(x, t)}{\varepsilon} \tag{3.1-1}$$

可以估算得 $1\,C/m^3$ 空间电荷将造成大约 $50\,kV/mm$ 的电场畸变,这就使得某些地方的电场强度比平均值大了许多,这对材料的绝缘性能是很大的弱化,会大幅度削减材料寿命。在香山科学会议"纳米电介质的多层次结构及其宏观性能"第 354 次学术讨论会上提出了:"长久以来,空间电荷问题不但一直没有得到很好的解决,而且随着聚合物电介质材料的广泛应用变得更加突出,在某些电介质应用领域甚至成了关键的瓶颈问题。"

可以看出,空间电荷给聚合物带来的困扰已经渐渐影响到了各行各业,因此对于空间电荷的分析和研究势在必行,我们迫切希望尽快找到一种可行、可靠、经济的方法来抑制乃至消除聚合物中的空间电荷,所有的这一切都建立在对空间电荷的准确测量上。

3.1.2 空间电荷测量方法

空间电荷测量技术是空间电荷研究的基础,其发展与电介质材料电特性研究的发展是互相促进的。20 世纪 70 年代以后,先后出现了多种空间电荷分布的无损测量方法,代表性的测量方法包括压电诱导压力波扩展法(piezo-electric induced pressure wave propagation,PIPWP)、激光诱导压力波扩展法(laser induced pressure propagation,LIPP)、电声脉冲法(pulsed electro-acoustic,PEA)等。

PEA 最早由 Tanaka 等提出,经过几十年的发展日趋完善。PEA 由于其具有结构简单、安全性好、系统造价低等优点,相较于另外两种方法得到了更广泛的应用。PEA 的测量原理如图 3.1-1 所示。高压电脉冲导致介质中空间电荷发生微小位移,这一微小位移以声波形式传播到电极上被压电传感器收集,从而获得空间电荷分布信息。

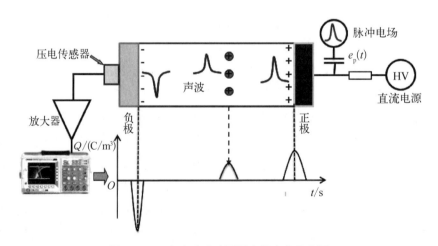

图 3.1-1 电声脉冲法测量空间电荷示意图

空间电荷测量技术的主要发展方向是高分辨率、高速、多功能以及小型化。以 PEA 为例,科研工作者们研制了诸如便携式 PEA 测量设备、高温 PEA 测量设备、三维 PEA 测量设备等多种基于 PEA 的空间电荷测量设备,并开展了相应的研究。

电声脉冲法的加压等效电路如图 3.1－2 所示。图中，V_p 为脉冲电压源，R_p 为脉冲匹配电阻，C_c 为隔离电容，C_{sa} 为试样等效电容，R_{dc} 为限流电阻，V_{dc} 为高压直流电压源。

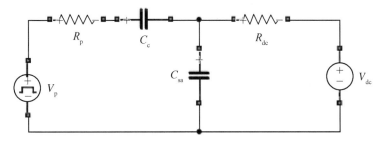

图 3.1－2　电声脉冲法等效电路

本节将较为详细地讨论电声脉冲法的原理，从理论上验证电声脉冲法可以用于测量空间电荷。

电声脉冲法原理图如图 3.1－3 所示。各参数意义如表 3.1－1 所示。

试样总宽度为 d，外加直流高压与脉冲电压，为分析的方便，这里施加的脉冲输出为理想脉冲，即

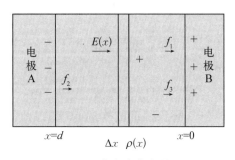

图 3.1－3　电声脉冲法原理图

表 3.1－1　电声脉冲法参数表

x	$E(x)$	$\rho(x)$	$f_i(i=1,\ 2,\ 3)$
试样厚度变量	外加直流电场	空间电荷密度	麦克斯韦应力

$$V_p(t)=V_p[u(t)-u(t-\Delta T)] \tag{3.1-2}$$

式中，V_p 为脉冲输出幅值，ΔT 为脉冲宽度，$u(*)$ 为阶跃函数。

那么，脉冲电场为

$$e_p(t)=\frac{V_p(t)}{d}=\frac{V_p[u(t)-u(t-\Delta T)]}{d} \tag{3.1-3}$$

当试样外加如图 3.1－3 中所示方向的直流电场后，在电极 A 试样界面会感应产生负电荷 σ_2，在电极 B 试样界面会感应产生正电荷 σ_1，再计及空间电荷 $\rho(x)$，则由于脉冲电场的激励，会产生三处麦克斯韦应力，分别为

$$\begin{cases} f_1=\dfrac{1}{2}E\sigma=e_p\sigma_1+\dfrac{1}{2}\varepsilon_0\varepsilon_r e_p^2 \\[2mm] f_1=\dfrac{1}{2}E\sigma=e_p\sigma_2-\dfrac{1}{2}\varepsilon_0\varepsilon_r e_p^2 \\[2mm] f_3=\Delta x\rho(x)e_p(t) \end{cases} \tag{3.1-4}$$

设声速为 v，声波传播系数为 K，声波在试样中的传播时间为 τ_1，通过电极 B 的时间为 τ_2。因此，传到压电传感器上的所有声波为

$$P(t) = \frac{1}{2}K\left[e_{\mathrm{p}}(t-\tau_2)\sigma_1 + e_{\mathrm{p}}(t-\tau_2-\tau_1)\sigma_1 + v\int_0^t \rho(v\tau)e_{\mathrm{p}}(t-\tau)\mathrm{d}\tau\right] \quad (3.1-5)$$

另一方面，由于压电传感器和放大器的输入输出均为线性关系，因此可以得到最终感应出的电压信号与空间电荷的关系为

$$u(t) = K'\left[\sigma_1 + \sigma_2 + v\Delta T\rho(t-\tau_2)\right] \quad (3.1-6)$$

因此，最终得到的电压信号可以反映出空间电荷在试样中的分布，以电声脉冲法为测量原理的测量装置可以测量试样中空间电荷的分布。

3.1.3　PEA 测量装置

时至今日，PEA 因其原理简洁、无损测量以及具有良好经济性，已经得到了国内外众多生产厂家和科研机构的青睐，因此，目前主流空间电荷测量装置采用的方法都是 PEA。PEA 测量装置如图 3.1-4 所示。

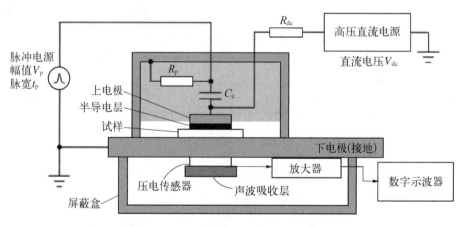

图 3.1-4　PEA 测试系统示意图

从图 3.1-4 中可以看出，PEA 测量装置可以分为电气模块、电极系统模块以及信号模块三个部分，以下依次介绍。

1）电气模块

电声脉冲法测量装置中电气模块的作用主要是给试样加压，其由高压直流电源、脉冲源、保护电阻以及耦合电容构成。常见的高压直流电源可以输出 $0\sim10\ \mathrm{kV}$ 的直流电压，这满足空间电荷测量的要求。但由于不同被测试试样电气性能上的差异，有些材料所制样品的击穿场强较低，一旦在这类试样上加了若干千伏的直流电压，由于其厚度很小，由 $E=$

V/d 可知,加在试样上的电场强度非常大,可能会大于其击穿场强,从而造成试样击穿。因此,保护电阻的作用就是防止这类情况发生时引起过大的电流造成设备损坏,其阻值往往设在 10 kΩ 以上。

电气模块的脉冲源用来输出高压脉冲,刺激试样形成压力波。常见脉冲源的输出电压为 300 V 左右,脉冲宽度为 10 ns 左右。值得一提的是,脉冲源性能的好坏在空间电荷装置中起了决定性的作用,随着输出脉冲幅值的增大,空间电荷信号增大;而随着脉冲宽度的减小,测试系统的空间分辨率变大但灵敏度降低。有关这方面的研究一直在进行,目的就是研制出输出电压尽可能高并且有合适脉冲宽度的脉冲源。

从加压等效电路上来看,电气模块若仅有以上三部分是不够的。这是因为脉冲源内阻通常为 50 Ω 左右,而保护电阻阻值在 10 kΩ 以上,后者比前者大了许多。由电路分压定理可知,高压直流脉冲输出的电压基本全部加在了保护电阻上,试样上基本分不到电压,测试不能正常进行。为此,必须在脉冲回路中设置一个耦合电容,其与试样电容的并联阻抗应远大于保护电阻。另一方面,不仅要保证直流高压主要加于试样上,脉冲输出电压也应如此。从脉冲回路来看,耦合电容与试样电容串联,由电容分压定理可知,电压大多加在电容值小的元件上。综上所述,并考虑到试样电容很小,往往在皮法级别,假设其为 5 pF,同时假设分压定理中两元件阻值相差 100 倍(即可认为较小者分到的电压可忽略不计),以此可以估计出所需耦合电容 C_c 的大小。事实上,可以列出如下不等式组:

$$\begin{cases} \dfrac{1}{2\pi f(C_c + 5 \times 10^{-12})} \geqslant 100 \times 10 \times 10^3 \\ C_c \geqslant 100 \times 5 \times 10^{-12} \end{cases} \qquad (3.1-7)$$

整理后可得

$$10^{-10} \leqslant C_c \leqslant \frac{1}{\pi} \times 10^{-8} - 5 \times 10^{-12} \qquad (3.1-8)$$

因此耦合电容 C_c 的电容值取在 0.1~10 nF 为最佳,可以保证高压直流电压和脉冲输出电压都加在试样上,被辅助元件分得的电压可以忽略不计。

2) 电极系统模块

空间电荷测量装置中电极系统模块的作用主要是固定试样、给试样加压,形成压力波。如图 3.1-4 所示,电极系统模块由上电极、半导电层和下电极构成,试样紧压于半导电层与下电极之间,为了保证其良好的接触,需在下电极上涂抹硅油,尽可能减小气隙对压力波传播的影响。电极系统按电极数量多少可分为两电极系统、三电极系统和四电极系统。两电极系统结构最为简单,包含高压电极和测量电极;三电极系统比前者多了保护电极;四电极系统又比前者多了一对环电极。上、下电极的表面应该完全平整和光滑,上、下电极也应完全平行。此外,半导电层的设置是为了改善上电极和试样界面的声匹配阻抗。由此可见,电极系统模块硬件的优劣在很大程度上影响了测试的准确度。

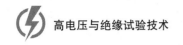

3) 信号模块

空间电荷测量装置中信号模块的作用是数据可视化。它包含压电传感器、声波吸收层、放大器以及数字示波器，其中压电传感器采用的是聚偏氟乙烯（polyvinylidene fluoride，PVDF）。具体来说，信号模块通过压电传感器完成压力波信号到电压信号的转换，但由于这种电信号非常弱，一般示波器难以分辨，因此通过放大器对其进行放大，最后由数字示波器显示信号的大小。声波吸收层用来吸收由于脉冲而激发的声波，使其不会反射回去而影响测试结果。

由于实验时所加直流电压往往很大，而放大器等元件很易受到电磁干扰，为了防止这种现象的产生，空间电荷测量装置会将整个信号模块放入屏蔽盒中，一来为了测量的准确，二来也可以使整个测量系统更美观。空间电荷的测试实验将在第6章详细介绍。

3.2　表面电位/电荷测量

3.2.1　表面电位/电荷研究意义

环氧树脂以其优异的绝缘性能、力学性能和热学性能广泛应用于电气行业的绝缘领域，常被制作成气体绝缘开关设备（gas insulated switchgear，GIS）和气体绝缘输电线路（gas insulated transmission line，GIL）用的绝缘子以及变压器等设备的绝缘配件。研究表明，当环氧树脂应用在气体作为主绝缘的系统中时，气固界面是设备绝缘中的薄弱环节，气固界面的闪络电压远低于相同长度下气体击穿电压或固体电介质击穿电压，沿面闪络成为影响高压设备安全运行的首要因素。由于沿面闪络机理涉及表面及界面物理、电介质物理以及分子动力学等多个领域，先前研究中关于沿面闪络机理尚未达到统一。沿面闪络机理性研究主要集中于表面电荷的动态特性。长期运行过程中由于"三结合点"处电场畸变、气体电离、夹层极化、表面杂质以及金属颗粒等因素易产生表面电荷的大量积累。尤其在直流设备中，由于长期承受单极性高压，表面电荷积聚更加严重。关于表面电荷的消散则主要分为三种机制：固体侧消散、表面传导和气体侧消散。在不同的实验装置和实验条件下，表面电荷消散的主要机制不同。仿真和实验表明，在保证电绝缘性能的基础上，适当提高表面电导率能够提升材料耐闪络性能。气体侧中和消散受气体侧带电粒子浓度影响较大，过程较为复杂。

3.2.2　表面电位/电荷测量方法

用于研究表面电荷动态特性的方法主要有粉尘图法、静电探头法和光电测量法，其中粉尘图采用带电性的有色固体被绝缘子表面电荷吸附来确定表面电荷分布，无法定量测量且会破坏原有电荷状态分布，更无法反映电荷动态特性。光电测量法主要基于泡克耳斯效应

(Pockels effect)，根据折射率与电场强度的正比关系，由光强转换为场强，进而得出表面电荷分布，测量过程对表面电荷无影响，且能反映闪络不同阶段的动态变化，但其操作复杂且只适用于透明薄膜材料。经典探头法采用探头振荡电位与表面电位匹配，进而分析表面电荷分布。其主要缺陷在于静电电压表探头与高压电极的空间干扰，无法实现加压和测量同时进行，相关研究局限于闪络后的表面电荷测量。表面电位还原为表面电荷需要通过反演算法，反演算法主要包括线性标度法、λ 函数法以及 Φ 函数法等。表面电位作为反映表面电荷分布的重要测量手段，加压阶段或闪络阶段表面电位的测量至关重要。

1）利希腾贝格图形法

利希腾贝格(Lichtenberg)图形法是最早实现电荷分布可视化的测量方法，该方法利用绝缘介质表面电荷对带电粉末的吸附作用来实现测量，如图 3.2 - 1 所示。在带电绝缘介质表面撒上一层带电粉末，该粉末由红色带正电的氧化铅和黄色带负电的硫黄组成。由于正负电荷相互吸引，带正电的氧化铅吸附到绝缘介质带负电的表面，带负电的硫黄粉末则吸附到带正电的绝缘介质表面，通过红色与黄色粉末的分布情况，实现对介质表面电荷分布形状的可视化分析。但该方法无法对表面电荷密度进行定量测量，且属于破坏性测量，在洒上带电粉末后，初始的表面电荷分布会发生变化，因而目前使用较少。

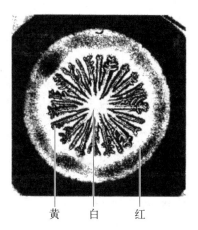

黄　白　红

图 3.2 - 1　Lichtenberg 图

2）静电探头法

静电探头利用静电感应原理来测量绝缘材料表面的电荷分布，分无源静电探头和有源静电探头两种。

基于静电分压原理的无源探头结构及等效电路如图 3.2 - 2 所示。C_1 为探头同轴圆柱结构的电容及测量电子线路输入电容，C_2 为电容探头感应面与绝缘子表面电荷之间的电容，

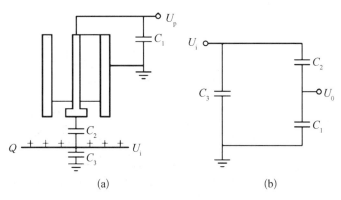

(a)　　　　　　　　　(b)

图 3.2 - 2　无源静电探头结构及其等效电路

(a) 探头结构；(b) 等效电路

C_3 为探头正对面的绝缘子表面对地等效电容, Q 为探头正下方绝缘子表面所带电荷量。表面电荷感应产生表面电位 U_i, C_1、C_2 可分别看作电容分压器的低压臂和高压臂,因此 U_0 与 U_i 间存在一定的比例关系,测得 U_0 即可计算出 Q。但两者间的比例关系与绝缘子间的距离密切相关,测量时容易发生变化,会导致计算 Q 时出现偏差。

有源静电探头很好地克服了这一不足,常用的振动反馈式探头测量原理如图 3.2 - 3 所示。当探头靠近带电绝缘表面时,探头中的感应电极由于受到振荡器的控制会产生高频正弦振动,振动方向与被测表面垂直。振动使得感应电极与被测表面间的距离发生改变,两者间的电容会随之发生变化。假设探头正对的绝缘子表面(被测表面)电位为 U_i,探头处电位为 U_0,则探头和被测绝缘子表面之间电位差为 $\Delta U = U_0 - U_i$。当 $\Delta U \neq 0$ 时,探头中会流过一定大小的电流。该电流经过前置放大器放大,与振荡器的输出一同连接至静电计中的相敏解调器,使其输出直流电压。该电压经高压放大器放大,并输出至探头上,使探头电位逐渐逼近绝缘子表面电位,形成反馈过程,直至两者电位差为零。此时电流为零,探头测得的电位即为正对的被测表面电位。该方法对于测量距离不敏感,当探头距被测表面在一定范围内时,测量结果保持不变。另外,由于探头与被测表面电位接近,两者间不会放电,同时,探头与被测表面间没有电场作用,可以减小探头对被测表面电荷的影响,降低测量误差。总体来说,虽然静电探头不能实现在线测量,且空间分辨率有限,但是测量精度较高,测量范围较宽,是目前使用最为广泛的表面电荷测量方法。

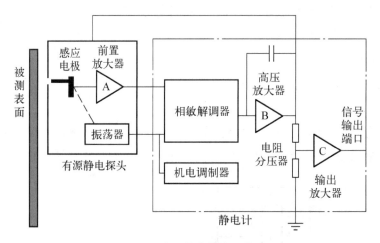

图 3.2 - 3　有源静电探头测量原理

3) 泡克耳斯效应法

泡克耳斯效应指光学晶体的折射率与其承受的电场强度呈线性关系。当电荷积聚在绝缘材料表面时,表面电荷会在介质和晶体内部构建电场。此时,当激光通过晶体时将会出现相位延迟,相位延迟与表面电荷密度之间存在线性关系。但由于光的传播速度极快,很难直接测量相位延迟。通常利用光学变换手段,将光的相位延迟转变为光强变化,如图 3.2 - 4 所示。泡克耳斯效应法的最大优点是能够实现表面电荷的连续实时测量,即使在外加电压存

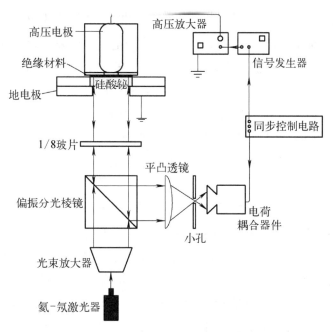

图 3.2–4　基于泡克耳斯原理测量表面电荷示意

在的情况下,测量也不会受到影响,而且测量速度很快,空间分辨率较高,但目前只能用来测量薄膜的表面电荷分布。

3.3　电 树 枝 观 测

聚合物绝缘材料由于其本身具有优良的介电性能、力学性能、热性能和加工性能,已被广泛应用于电气绝缘领域。然而研究表明,大多数聚合物绝缘材料在长期电场作用下,击穿场强会有不同程度的下降,这其中最主要的原因便是材料中产生了电树枝。电树枝是一种发生在聚合物绝缘中的电老化现象,因其形态与树枝相似而得名。聚合物绝缘中的电树枝发展通常包括两个阶段,即电树枝的引发阶段和电树枝的生长阶段。无论是在引发阶段还是生长阶段,电树枝化都是一种涉及电荷的注入与抽出、局部放电、局部高温、局部高气压、电机械应力、物理变形、化学分解等过程的非常复杂的电腐蚀现象。当电树枝的一个或者多个分枝发展到对面电极附近,剩余绝缘厚度不足以承受外施电场强度时,绝缘就会击穿,严重威胁电力设备的安全稳定运行。

3.3.1　绝缘材料电树枝化及其形成机理

自从 1958 年 Kitchin 等首次在聚乙烯试样中发现电树枝化现象以来,人们针对聚合物中电树枝化的研究已经走过了几十年的漫长路程。国内外的研究者在聚乙烯、环氧树脂、硅橡胶、乙丙橡胶等多种聚合物材料中进行了大量模拟电树枝引发与生长的实验。伴随着实验研究的逐步深入,研究者们尝试着提出了一系列机理对聚合物中电树枝化现象进行解释。但由于聚合物中的电树枝化现象受聚合物材料结构、生产加工工艺以及安装使用环境等诸多因素影响,同时电树枝的引发与生长本身也存在一定随机性,因此至今还没有一个统一的理论可以对电树枝引发与生长过程中出现的所有现象与规律进行全面合理的解释。本节对解释聚合物中电树枝化的几个具有代表性的理论进行总结。

1）气隙放电理论

在早期聚合物电树枝化研究中,研究人员认为局部放电是产生电树枝的主要原因,这是因为在电树枝化过程中,人们观察到了明显的局部放电和发光现象。这一理论在当时被认为是正确的。受限于当时的工艺水平,聚合物绝缘在加工制造过程中不可避免地存在导电杂质、气泡、气隙等缺陷。当外施电压较高时,绝缘与缺陷接触点电场严重畸变,同时由于绝缘材料与杂质的膨胀系数不同,在两者的接触面上极易产生微小气隙,因此认为聚合物绝缘电树枝化是微小气隙放电导致的。具体而言,是微孔中局部放电产生的电子和离子的轰击作用导致聚合物绝缘材料发生快速腐蚀,从而从针尖处产生放电通道,逐渐形成电树枝。气隙放电理论尽管在一定程度上对聚合物中电树枝化进行了较为合理的解释,但该理论与电树枝引发前出现的电致发光现象相矛盾,因为电致发光产生的光并不是局部放电导致的。

2）局部固有击穿理论

局部固有击穿理论认为电树枝的引发是由于针尖处电场强度大于材料固有击穿强度,材料发生本征击穿的结果。这一理论仅能对外施电压较高时电树枝的直接引发进行解释,却无法解释在外施电压较低时聚合物中电树枝引发存在潜伏期这一现象。

3）麦克斯韦电-机械应力理论

早在 1955 年,Stark 等就发现在直线电子加速器下辐照过的聚乙烯试样击穿场强比未经辐照时有所提高,且这一现象在高温下更为明显。他们认为这是麦克斯韦电-机械应力作用的结果,认为材料的临界击穿场强是麦克斯韦应力和材料变形应力平衡时对应的场强。直到 20 世纪 70 年代,Ieda 和 Nawata 将这一思想应用到了解释聚合物中电树枝化现象中来。他们认为当外施电压为交流电压时,聚合物中电树枝的引发存在两个机理。当外施电压较高,针尖附近电场强度大于聚合物材料的固有击穿强度时,部分聚合物材料发生固有击穿,导致电树枝的引发;当外施电压较低,针尖附近电场强度小于聚合物材料的固有击穿强度时,围绕着针尖感生的重复的麦克斯韦应力会在垂直电场方向上感生机械应力,当这一应力足够大时,便会在聚合物材料内部缺陷处引发裂纹,裂纹逐渐演变为气隙,进而导致局部放电,促进电树枝引发。麦克斯韦电-机械应力理论也充分考虑了外施电压较低时电树枝引发前的潜伏期阶段,但该理论无法对直流电压、脉冲电压等外施电压类型下聚合物中电树枝化表现出的极性效应进行合理的解释。

4) 电荷的注入和抽出理论

1978 年,Tanaka 提出了解释聚合物中电树枝化现象的电荷的注入与抽出理论,该理论认为交流电压下电树枝的形成过程分为两个阶段,即潜伏期阶段和生长发展期阶段,电树枝需要经过潜伏期才会逐渐起始生长。在潜伏期阶段,聚合物材料并不会明显劣化,也没有检测到局部放电信号,在这一阶段,外加电场对聚合物材料的主要影响便是针电极处电子的不断注入与抽出。具体来讲,当外施电压为交流电压时,针电极在每个电压的负半周期和正半周期内都会分别向材料中发射电子和抽出电子,在每个周期内都会有一部分电子获得足够大的能量,使材料分子链断裂产生低分子产物和气体,为气体放电提供条件,从而使电树枝引发成为可能。同时,Tanaka 充分考虑了不同材料的金属电极具有不同功函数这一因素,因此,接触类型不同的电极与聚合物材料界面,电子的注入效率应该存在一定差异。

按照电荷的注入与抽出理论,聚合物中电树枝起始应该包含电荷经界面的注入与抽出、材料自身由电化学老化引起的劣化、介电特性和相态特性弱区的形成以及电场畸变这几个现象,具体如图 3.3 - 1 所示。当金属针电极与聚合物材料紧密接触时,两者之间由于费米能级不同会发生电子转移,最终达到两者费米能级相等的状态。当对金属针电极施加电压时,沿着电场方向电子的注入,势垒高度降低且宽度减小,如此便有更多电子经界面注入聚合物材料中,使肖特基发射或者场致发射成为可能。由于金属电极功函数和界面陷阱特性会对势垒造成一定影响,因此在不同金属电极或界面陷阱特性下,针尖向聚合物材料中注入电荷的量有所不同。由针尖注入聚合物材料中的电荷或在外加电场作用下直接轰击聚合物分子

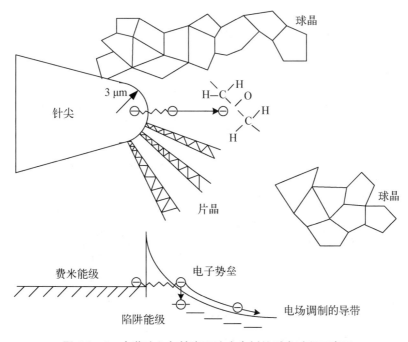

图 3.3 - 1　电荷注入与抽出理论中电树枝引发过程示意图

链导致材料劣化,或因复合产生紫外光辐射使材料老化。若同时有氧气存在,则会在后续发生氧化,在针电极附近形成海绵状区域,使介质的局部击穿场强降低。氧气会促进聚合物中的电树枝化进程,这一点已在实验方面得到证实。由于聚合物中片晶和球晶等晶区与非晶区同时存在,而非晶区中自由体积比晶区中高,因此可以认为非晶区本身就是电气弱点,是聚合物中的固有结构弱区。

5)电致发光的光降解理论

电致发光的光降解理论由 Bamji 和 Laurent 等提出,该理论认为交流电压下聚合物内部发生的紫外线辐射是导致聚合物发生降解并产生电树枝的主要原因。电致发光的能级解释模型如图 3.3-2 所示。聚合物内部同时存在各种深浅不同的陷阱能级,其中深陷阱能级可看作电荷载流子的陷阱,而其他陷阱能级则可以看作电荷的复合中心。深陷阱能级主要由聚合物结晶度和支化等结构变化引起,而浅陷阱能级则是由甲基和羰基等极性基团等引起。在交流电压的负半周期内,针电极向聚合物内部发射电子,这些电子被不同能级的电子陷阱所捕获,造成非辐射松弛现象。在之后到来的正半周期内,针电极又向聚合物内部发射空穴,这些空穴被深空穴陷阱捕获。在随后的负半周期内,电子在深空穴陷阱中与空穴发生复合,产生光子辐射。综上,由针电极发射进入聚合物内部的电荷在发生复合的过程中产生光子辐射,促进聚合物降解。按照该理论,当外施电压幅值升高时,针电极向聚合物中发射的电荷量有所增加,费米能级和界限能级将向带边移动,部分局域态由陷阱态转变为复合中心,进而导致更短波长的光产生。紫外光的强度和能量随外施电压的升高有所增加,这加速了聚合物的光降解,促进了电树枝的引发。

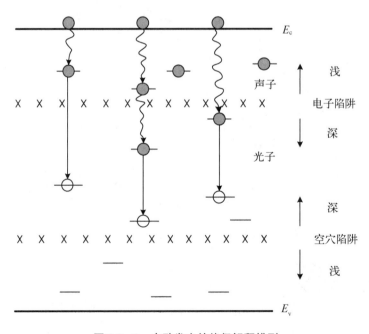

图 3.3-2 电致发光的能级解释模型

电致发光的光降解理论同时考虑了氧在聚合物电树枝化过程中的作用。该理论认为氧的存在可以使材料更易发生降解,促进聚合物中的电树枝化。这是由于聚合物分子链在紫外线作用下发生降解产生的自由基可以与氧发生反应,进而使原本生成的自由基链发生新的断裂。但同时,该理论认为氧的存在会使紫外光强度减弱,抑制聚合物中电树枝化。这是由于氧自身有极强的电子亲和力,会对聚合物中深陷阱捕获电子形成激发态这一过程造成干扰,同时辉光也容易使气体激发态猝灭。

6）陷阱理论

陷阱理论同时考虑了外施电压为交流电压和单极性电压这两种情况下聚合物中的电树枝化现象,具体模型如图 3.3-3 所示。当外施电压为交流电压时,针电极在不同极性的半周期内分别向聚合物内部注入电子和空穴,这些电荷被陷阱捕获后会与相反极性的电荷发生

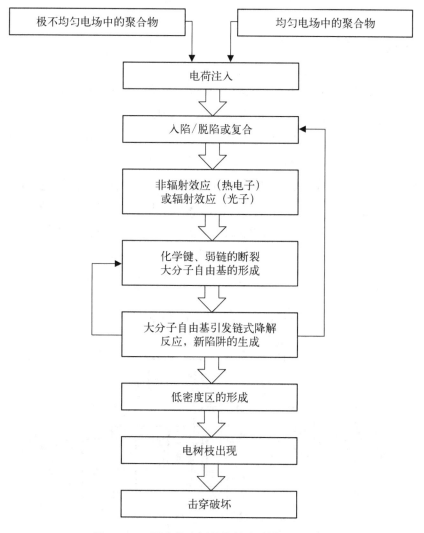

图 3.3-3　聚合物电树枝化的陷阱模型示意图

复合,进而释放能量促使聚合物分子链断裂。当外施电压为单极性电压时,由针电极向聚合物中注入的电荷被陷阱捕获,这一过程中释放的能量会通过共振转移给电子,促使热电子形成,热电子再与聚合物分子链发生碰撞导致断链。与此同时,分子链断裂生成的自由基对聚合物降解有一定的催化作用,在氧气的参与下导致聚合物降解范围增大,促使低密度区形成。由于电子在低密度区自由程增大,促进了碰撞电离的发生。由碰撞电离释放的能量一部分转化为光,一部分则导致更大范围内的聚合物降解,从而导致了电树枝的生成。

已有研究表明,聚合物中的电树枝化也有可能发生在外施电压减弱甚至没有外施电压的情况下。对有机玻璃在数兆电子伏的电子束下进行辐照,当辐照剂量足够高时,试样内部会出现电树枝化现象;当辐照剂量较低时,试样内部没有电树枝出现,但当辐照结束后,用接地的金属钉在垂直辐照方向的侧面打入试样中时,观察到了明显的电树枝现象。聚合物中入陷电荷脱陷被认为是导致该情况下电树枝产生的原因。

3.3.2　电树枝观测方法与设备

直流电压下电树枝实验系统如图 3.3 - 4 所示。系统主要由试验变压器、半波整流电路、高压继电器、接地控制电路、样品腔、低温恒温槽等构成。其中,样品固定在样品腔中,样品腔内装有纯净的新疆克拉玛依 25 号变压器油,样品腔侧面开孔并接软管与低温恒温槽相连构成外部循环油浴,一方面可以避免实验过程中可能发生的沿面闪络,另一方面也为实验提供稳定的恒温环境。所用低温恒温槽型号为 DC3006,可在 -30～100℃ 范围内形成可靠的循环油浴,精度高达 0.1℃。由于低温恒温槽的温控表只能监测槽内变压器油的温度,为避免出现样品腔内变压器油温度与低温恒温槽内温度不一致的情况,在样品腔上方悬挂温度计对腔内变压器油温度进行实时监测,每次需等腔内变压器油温度达到实验设定温度并能

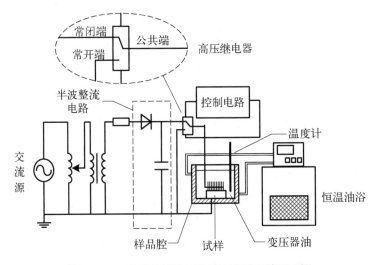

图 3.3 - 4　直流电树枝正极性下实验系统原理图

保持稳定之后再开始实验。实验时将样品上的钢针尾部与高压线相接作为高压电极,试样底部的板电极与地线相接作为地电极。由试验变压器产生一个交流电压,经半波整流电路整流后接至单刀双掷高压继电器的常闭端,该继电器的常开端与地线相接,公共端与高压电极相接。接地控制电路由 555 定时器及相关元器件组成,该控制电路按照设定周期向高压继电器发送控制电平,从而实现对继电器开断的控制。将如图 3.3 - 4 所示的半波整流电路的硅堆方向调转即可得到周期性直流接地电树枝负极性下的实验系统。

3.4　绝缘材料陷阱测量

3.4.1　绝缘材料陷阱研究意义

大部分聚合物绝缘材料由于同时存在晶区和非晶区,拓扑结构并不是完全有序,分子链纠缠、交叉、卷曲或杂质的存在等因素导致材料的能级分布间断,在能带中形成局域态(也称为陷阱,具有捕获载流子的能力)。电介质材料的介电和导电特性以及电荷存储特性与其中载流子的种类、数量、性质、所处状态及其在电、光、热等各种刺激下的行为密切相关。电荷存储和输运过程的研究对电介质材料宏观电性能所对应的微观结构机理的研究和电介质材料改性及新型电介质材料开发的研究至关重要。因而,电荷存储和输运过程的研究一直是电介质材料领域的一个热点,而电荷存储和输运过程离不开陷阱的参与,热刺激电流(thermally stimulated current,TSC)技术是进行这一研究最常用也是最有效的工具之一。

TSC 技术最早于 1936 年提出,随后广泛应用于驻极体内电荷量的测量,以及聚合物中陷阱电荷的测量。热刺激过程对应的物理现象有许多,诸如热刺激发光(thermally stimulated luminescence,TSL)、热刺激电流(thermally stimulated current,TSC)、热刺激表面电位(thermally stimulated surface potential,TSSP)等,它们的原理均是在热刺激条件下材料内部各种极化方式的退极化过程。热刺激理论自提出后不断得到完善和发展。Bucci 等在 1964 年提出基于偶极子极化的完整的 TSC 分析理论,用于研究离子晶体中的缺陷。到了 20 世纪 70 年代,TSC 分析理论趋于成熟,出现了从 TSC 谱图中获取相关参数的各种试验分析方法,广泛使用的主要有初始上升法、全曲线法和热清洗法等,这些方法大都是基于单一或有限个分立活化能的热刺激过程。TSC 理论和测量技术逐步发展,已广泛用于电介质材料的研究中。2000 年之后,随着纳米电介质的风靡,TSC 技术又被用于分析纳米电介质中的载流子输运机理,还被用于研究纳米掺杂所引入的陷阱能态密度分布的测量。

在绝缘体或半导体的禁带能隙内存在很多的俘获能级,这些俘获能级由许多可作为陷阱或复合中心的定域态构成,主要是由晶体的不完整性造成的,这种不完整性由结构缺陷或杂质,或两者共同生成。一般认为分立的俘获能级与在晶格中的化学杂质有关,准连续的俘获能级分布与晶体结构的不完整性有关。陷阱大致的分为两种,一种是结构缺陷形成的陷阱,另一种是化学缺陷形成的陷阱。空间电荷一般指陷阱电荷,即被陷阱捕获后停留在介质体内的那部分电荷,也可以指由于不均匀极化引起的极化电荷。

3.4.2 热刺激电流测量方法

热刺激电流分为热刺激极化电流和热刺激去极化电流,一般所说的热刺激电流指的是热刺激去极化电流,本节所述的热刺激电流均指热刺激去极化电流。热刺激去极化电流的测量方法可以概括为三个阶段,即极化阶段、降温阶段和热刺激阶段,如图3.4-1所示。将试样温度升高至某一温度并保持恒温,在此温度下对试样施加一定强度的直流电压一段时间,此为极化阶段;接着迅速对试样降温至低于或等于室温的某一温度,在此过程中始终保持直流电压的施加,此为降温阶段;最后停止降温,撤去直流电压,将试样短路,同时使试样的温度按照某一速率线性提升,测量短路电流,此为热刺激阶段。

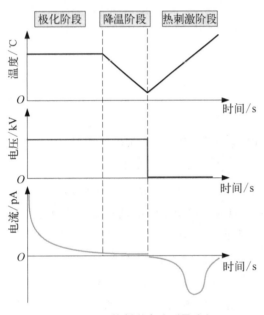

图 3.4-1 热刺激电流测量流程

热刺激电流法和等温情况下的电流测量不同,一边对材料升温,一边进行测量,属于非等温测量。由于材料中荷电粒子的微观参数(如活化能、松弛时间常数等)不同,用热刺激电流法就容易将材料中的各种不同活化能或松弛时间的荷电粒子分离开来,从而求出各自的参数。

材料中往往有多种松弛过程的存在,热刺激电流曲线就会有多个峰出现,而且各峰出现的时间或者温度是按活化能或松弛时间由小到大的顺序,若要区分不同松弛过程,需要将多个峰分离开来,分别计算其活化能或松弛时间。

3.4.3 陷阱分析基本理论

电子极化和离子弹性位移极化发生速度太快,无法观测到。如果介质均一,界面极化也不是研究重点。无论是偶极子的转向、热离子的迁移复合、空间电荷的入陷脱陷都可以看作退极化的过程,或者说是极化的松弛衰减。

介质中的热刺激电流发生源不外乎是偶极子、可动离子(可在介质中做全程或某一段距离迁移的热离子)和陷阱电子、空穴。若采用单一松弛时间的松弛理论来分析热刺激松弛过程,可以分别得出这三种电流来源对应的简化公式或理论,因为不管哪种类型的电荷源都可以看作先极化然后退极化的过程。这些可以看成经典的热刺激松弛理论。

在众多研究者的研究结果中,研究最透彻或最成熟的是由偶极极化引起的热刺激过程。根据德拜模型,偶极极化的松弛时间服从威廉姆斯-兰德-费里(Williams-Landel-Ferry,WLF)方程

$$\tau=\frac{\omega_0}{2\pi}e^{\frac{H}{kT}}=\tau_0 e^{\frac{H}{kT}} \tag{3.4-1}$$

式中,H 为活化能,k 为玻尔兹曼常数,T 为温度,极化强度与时间的关系可以表达为

$$p(t)=p_0 e^{-\frac{t}{\tau}} \tag{3.4-2}$$

式中,p_0 为初始极化强度,t 为去极化时间。极化强度随时间的衰减为热刺激电流

$$\frac{dp(t)}{dt}=-\frac{p_0}{\tau}e^{-\frac{t}{\tau}}=-\frac{1}{\tau}p(t) \tag{3.4-3}$$

式中,温度随时间线性上升

$$dT=\beta dt \tag{3.4-4}$$

式中,β 为升温速率,联立式(3.4-3)和式(3.4-4),得出

$$TSC=I(T)=p_0(T_0)\frac{1}{\tau_0}e^{-\frac{H}{kT}}\cdot \exp\left(-\frac{1}{\beta\tau_0}\int_{T_0}^{T}e^{-\frac{H}{kT}}dT\right) \tag{3.4-5}$$

式中,$p_0(T_0)$ 是极化开始时介质的极化强度。τ_0 是初始松弛时间,松弛时间也随温度变化。对于不同的简化模型,诸如自由旋转偶极子模型和黏性液体旋转模型,会有相应的表达式来描述极化强度和松弛时间,但都是仅仅对应偶极子转向极化。

对于热离子(可动离子)的迁移,如仍采用德拜模型,与偶极子相似,极化强度从可动离子做短距离迁移来计算。无电场时,离子总是处在如图 3.4-2 所示的势垒模型中的最低能量 A、B 中,依靠热振动在 A、B 间来回迁移,但迁移概率是相同的,所以离子在介质中均匀分布,加电场后,沿电场方向的势垒减小 $1/2qE$,逆电场方向势垒增加 $1/2qE$。若离子在 A、B 处的振动频率为 ν,那么每个离子每秒向左或向右迁移的概率分别为

$$\omega_{AB}=\nu\exp\left(-\frac{H-\frac{qaE}{2}}{kT}\right)$$
$$\omega_{BA}=\nu\exp\left(-\frac{H+\frac{qaE}{2}}{kT}\right) \tag{3.4-6}$$

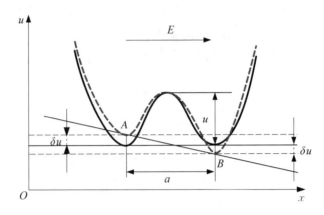

图 3.4-2　热离子极化示意图

式中，a 为 A、B 之间的距离，因此每个离子净向右迁移的概率为

$$\omega = \omega_{AB} - \omega_{BA} = 2\nu e^{-\frac{H}{kT}} \sinh\left(\frac{qaE}{2kT}\right) \tag{3.4-7}$$

离子的平均速度为

$$v = a\omega = 2a\nu e^{-\frac{H}{kT}} \sinh\left(\frac{qaE}{2kT}\right) \tag{3.4-8}$$

当离子浓度为 N_i 时，在短时间 t_b 内，由离子迁移而形成的极化强度为

$$p(t_b) = N_i v t_b = 2q N_i a v t_b e^{-\frac{H}{kT}} \sinh\left(\frac{qaE}{2kT}\right) \tag{3.4-9}$$

如用式(3.4-3)和式(3.4-4)去解，得到和偶极子完全相同形式的热刺激电流表达式，即式(3.4-5)。但以上讨论都是在假设极化量比较小的情况下进行的，当极化电场和极化时间增加时，实际结果会有所偏离。Kunze 与 Mullen 于 1972 年对离子晶体中由于间隙离子和缺陷引起的热刺激电流进行研究，得出如下的式子：

$$\text{TSC} = \frac{\sigma_0}{\varepsilon\varepsilon_0} Q_0 e^{-\frac{H}{kT}} \cdot \exp\left(-\frac{\sigma_0}{\beta\varepsilon\varepsilon_0} \int_{T_0}^{T} e^{-\frac{H}{kT}} \, dT\right) \tag{3.4-10}$$

式中，σ_0、Q_0 是 T_0 温度下的电导率和电极上的电荷密度。其形式与偶极极化时的热刺激电流形式是基本相同的，但实际上要复杂得多。

第4章

高电压与绝缘数值仿真方法

高电压与绝缘技术是以试验研究为基础的应用技术,主要研究在高电压作用下各种绝缘介质的性能和不同类型的放电现象,高电压设备的绝缘结构设计,高电压试验和测量的设备及方法,电力系统的过电压、高电压或大电流产生的强电场、强磁场或电磁波对环境的影响和防护措施,以及高电压、大电流的应用等。高电压技术对电力工业、电工制造业以及近代物理的发展(如X射线装置、粒子加速器、大功率脉冲发生器等)都有重大影响。

随着计算机、微电子、材料科学等新兴学科的出现,高电压与绝缘技术这门学科的内容也正日新月异地得到改造和更新。当前,数据采集和处理、光电转换和新型传感技术、计算机和微处理机等已大量应用于高电压测试技术,数字及模拟计算机的仿真技术、随机信号处理和概率统计理论等也已进入系统过电压、绝缘和绝缘水平与配合的领域,这些新兴理论和技术的应用将极大地推进高电压与绝缘技术学科的发展。

4.1 电磁暂态仿真软件 PSCAD

4.1.1 PSCAD‐EMTDC 介绍

电力系统是非常复杂的,其数学表达式的定义比航天飞行器及行星运动轨迹的定义更要错综复杂和具有挑战性。比起计算机、家电和包括工业生产过程在内的一些大型复杂机器,电力系统是世界上最大的机器。EMTDC是一款具有复杂电力电子、控制器及非线性网络建模能力的电网模拟分析程序。当在 PSCAD 的图形用户界面下运行时,PSCAD/EMTDC 结合而具有的强大功能可使部分复杂的电力系统可视化。

从20世纪70年代中期起,EMTDC就成了一种暂态模拟工具。它的灵感来源于赫曼·多摩博士1969年4月发表于 IEEE 上的论文。来自世界各地的用户需求促成它现在的发展。早期版本的 EMTDC 在曼尼托巴水电站的 IBM 打孔计算机上运行。每天只有一两个问题可以被提交并运行,与今天取得的成就相比,其编码和程序开发相当缓慢。随着计算机的发展,功能强大的文件处理系统可被用在文本编辑等方面。今天,功能强大的个人计算机已可以更深入细致地进行仿真,这是二十年前所不能想到的。

为了满足用户 EMTDC 仿真的效率和简便的需求,曼尼托巴高压直流输电研究所开发了 PSCAD 图形用户界面以方便进行 EMTDC 仿真的研究。PSCAD/EMTDC 在 20 世纪 90 年代最初创立并使用在 UNIX 工作站。不久后,作为电力系统和电力电子控制器的模拟器,它取得了极大的成功。PSCAD 也成为 RTDS 实时数字仿真或混合数字仿真的图形用户界面。

Dennis Woodford 博士于 1976 年在加拿大曼尼托巴水电局开发完成了 EMTDC 的初版,它是一种世界各国广泛使用的电力系统仿真软件,PSCAD 是其用户界面。PSCAD 的开发成功,使得用户能更方便地使用 EMTDC 进行电力系统分析,使电力系统复杂部分可视化成为可能,而且软件可以作为实时数字仿真器的前置端。

4.1.2 PSCAD 界面与操作简介

1) 界面和定义

PSCAD 的图形界面如图 4.1-1 所示。

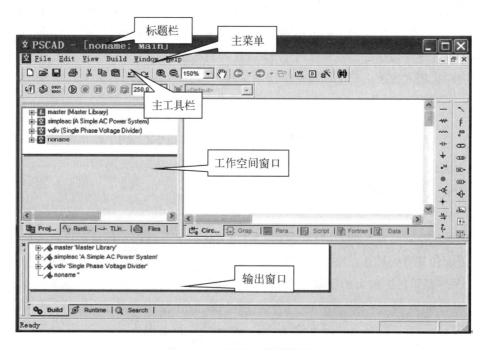

图 4.1-1 PSCAD 的图形界面

元件(或"板块")实质上是装置模型的一个图表性描述,并且是 PSCAD 中最基本的电路组成部分。元件通常代表一个器件模型,有时以框图形式出现,其应用范围比较广泛,通常都有特定的功能,也可以电气、控制、文件或简单的装饰形式出现。

元件通常包含输入和输出端口,用以连接形成较大的系统,如图 4.1 - 2 所示。元件模型的参数,如变量和常量,可以双击打开其属性框,通过手动输入。

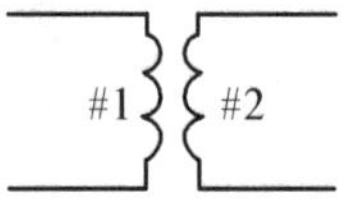

图 4.1 - 2　PSCAD 中的单相变压器元件

模块是一种特殊形式的元件,它由基本元件组合而成,而且可以包含其他模块,从而可以形成分层系统结构,由此扩充了分层的模块容量。模块也被当作“分级页”或“分组页”,其运行方式相当于普通的元件,唯一的区别是模块不允许参数输入。

PSCAD 允许用户把一个具体仿真里的一切(除了输出文件)存入到一个称为工程的文件中。工程可以包含存放的元件定义、在线画图和在线控制,当然也包含图解结构系统本身。在 PSCAD 中有两种工程类型:库 Library 和算例 Case。

库主要用于存储元件定义及可视元件实例。库文件中其元件定义的实例可用于任意 Case 工程,扩展名为“.psl”。

用户的大部分工作都是在 Case 中完成的。Case 不能完成库的功能,但可以进行编译、建立和运行。仿真结果可以通过在线检测表和绘图工具直接在 Case 中观察。其文件扩展名为“.psc”。

2) 工作区

Title Menu and Main Tool Bar(标题栏,菜单栏和主工具栏)如图 4.1 - 3 所示。

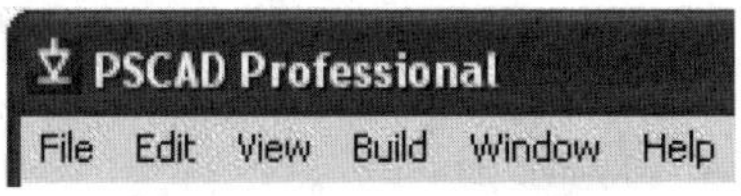

图 4.1 - 3　PSCAD 中的标题栏

图 4.1 - 4　File 子菜单

(1) Menu Bar and Menu Items(菜单栏和菜单项)。

标题栏下方的区域称为主菜单,由菜单项和菜单按钮组成。所有的主菜单项都是下拉菜单:当在一个菜单项上单击一次,会有一个下拉列表出现,然后单击鼠标左键从上列表中选择一项。图 4.1 - 4 显示了如何用 File 菜单从主菜单栏中打开一个项目。

File：新建、装入、保存、打印文件等。

Edit：剪切、复制、粘贴、选择、查找、设置等。

View：主要是设定界面包含哪些内容。

Build：编译、链接、运行等。

Window：窗口布置及文件选择。

Help：帮助功能包括 PSCAD、EMTDC、Master Library Models。

（2）Toolbar Buttons（工具栏按钮）。

在主菜单栏的正下方的一行按钮组成主工具栏。菜单项需要两步才能打开，而使用工具栏单击可以打开。

（3）Workspace（工作空间窗口）。

PSCAD 环境的左上角有一个小窗口，称为工作区窗口。如果默认模式下不出现，在主菜单栏里单击 View|Workspace。

工作空间窗口不仅仅显示当前所有载入工程，而且会给出其数据文档、信号、控制、传输线和电缆、显示器件等，并可以对其进行拖动操作。注意，PSCAD 库是第一个载入的工程，而且不能卸载。工作空间窗口分为四个表格式的部分：Projects、Runtime、T-Line/Cables、Files，如图 4.1-5 所示。

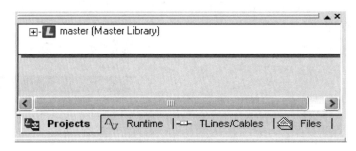

图 4.1-5　工作空间窗口

在工作区里，可以看到所有打开的库和算例，可以通过它来选择元件和其他许多操作。

Projects：当载入工程时，就会在 Projects 中显示其工程名及其描述。可同时载入多个工程，将按照载入顺序排列。

当载入多个工程时，可凭借如下图标来区分各工程当前所处的状态：

库工程（Library Project）；

（灰色）未激活案例工程（Inactive Case Projects）；

（蓝色）激活案例工程（Active Case Projects）。

Projects 部分主要用于工程间的切换及浏览工程内部，包括直接访问其模块和定义。例如，只要双击列表中的模块，就会直接进入模块的电路页面，双击元件定义则会进入元件编辑页面，双击工程则会进入主页面。

每一个在 Projects Section 中列出的工程包含其所有的定义、模块层次、组成标准的树状结构，如图 4.1－6 所示。

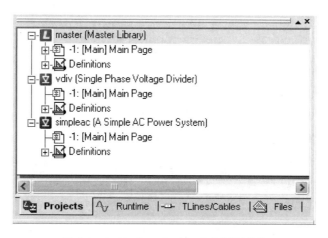

图 4.1－6　Projects Section 中的树形结构

（4）The Master Library（主库）。

不论 PSCAD 什么时候启动，主库总是第一个列在工作区窗口的项目。它包含了大多数的元件，在构造任何电路时都要用到它们。要打开主库，只需在工作区双击主库标题，或右击标题并在下拉菜单里选择"Open"。打开主库主页（在设计编辑器窗口是电路视图），就可看到并使用所有的元件。

当打开主库时，主页的左上角如图 4.1－7 所示。根据元件的不同功能，主库里存放的元件被分到几个模块里（在主页的左上角）。例如，所有的变压器元件都在变压器模块里。除了这些种类外，大多数的主库元件仍在主页内。许多用户可能会发现此种形式，是为了更快更容易地找到正确的元件。

很多模型分为两大类 17 小类：① Passive、Sources、Transformers、Breakers、Faults、Tlines、Cables、Machines、HVDC、FACTS；② Relays、Merters、CSMF、Logical、I/O Devices、Sequencer、Other、Single_line。

如果想要将这些元件中的任何一个加入算例，只需从主库里复制例子并粘贴到项目里，也可以使用库弹出菜单系统或者画图工具栏。

（5）THE OUTPUT WINDOW（输出窗口）。

在工作区窗口正下方的另一个窗口称为输出窗口。输出窗口可以方便地查看仿真反馈和故障解决信息，包括所有由元件、PSCAD 或 EMTDC 引起的错误及警告信息。输出窗口细分为 Build 栏、Runtime 栏和 Search 栏。Build 栏显示主要的原件及 PSCAD 中的错误及警告信息，包括工程的编译、Fortran、数据、图形文件等；Runtime 栏主要提供仿真运行时的错误和警告信息，即来自 EMTDC 算法；Search 栏可显示工程搜索结果。

输出窗口用如下不同颜色的小旗表示仿真状态：

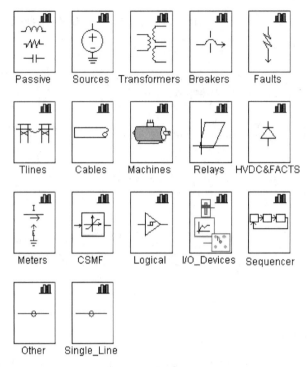

图 4.1 - 7　主库主页

(绿色)无问题；

(红色)有错误；

(黄色)警告。

出现警告时，并不会对仿真造成根本性的影响，仍可仿真，但可能影响仿真结果。但出现错误时，仿真将会停止。可右击 Point to Message source 定位信息，如图 4.1 - 8 所示。

图 4.1 - 8　仿真错误时定位信息

输出窗口为找到任何所列信息的根源提供了一种简单的方法。双击这个信息本身，PSCAD 将自动打开电路视图里的根源主页并直接用箭头指出问题。

Build(创建)创建部分主要提供基于元件和 PSCAD 的出错和警告信息，它们与公式转换语言、数据和地图文件的编辑和创建有关。PSCAD 可以检测出与此有关的许多不同类型的系统不一致。在任何一个元件定义的 Checks(检查)部分里定义的所有警告和出错信息都会在 Build 里显示。

运行时间部分提供了与仿真运行有关的出错和警告信息，也就是说，信息出自 EMTDC。运行时间信息通常是很重要的，它包括数字上的不稳定和这种性质的其他问题。

所以，非常有必要透彻地研究这些信息。在一些例子里，PSCAD 能使你关注到发生问题的电气系统里的子系统和节点数。

（6）THE DESIGN EDITOR(设计编辑器)。

设计编辑器窗口可能是 PSCAD 环境中最重要的部分，它是大多数甚至全部项目设计工作完成的地方。设计编辑器多数用于电路(电路视图)的图表创建，也包括嵌入的元件定义设计编辑器。

设计编辑器窗口可通过双击工作区中打开的项目标题来激活，也可通过右击标题并选择"Open"来激活。

Viewing Windows(察看窗口)：

设计编辑器可分为 8 个子窗口。每个子窗口都可通过单击设计编辑器下面的选项卡栏里的具体选项卡来进入。选项卡栏显示如图 4.1 - 9 所示。

图 4.1 - 9　选项卡栏

其中，Graphic、Parameters 和 Script 选项卡只用于元件设计，除非编辑一个元件定义，否则它们都不可用。图表窗口在观看模块页面也是不可用的。你可以通过在元件上按"Ctrl ＋ left double click"组合键来编辑元件定义，或者在元件上右击并选择"Edit Definition…"选项。

Circuit(电路窗口)：电路窗口在项目被打开时常常是默认的视图。当用 PSCAD 工作时，这里是做大多数设计工作的地方，也是所有控制和电子电路构造的地方。当电路窗口打开时，"Control Palette"和"Electrical Palette"（控制面板和电气面板）工具栏是可用的，如图 4.1 - 10 所示。

图 4.1 - 10　控制面板和电气面板

Graphic(图表窗口)：图表窗口是用来编辑一个元件定义或模块的图表的。

Parameters(参数窗口)：参数窗口是用来编辑一个元件定义的参数的。

Script(脚本窗口)：脚本窗口是用来编辑一个元件定义的代码的。

Fortran(公式转换语言窗口)：公式转换语言窗口是一个简单的文本阅读器,使得用户更容易访问 EMTDC 的公式转换语言代码,这些代码是与正在电路窗口里被察看的模块相对应的。举个例子,如果正在电路视图里察看项目的主页,公式转换语言窗口(单击 Fortran 选项卡)将显示与主页对应的 EMTDC 公式转换语言代码。

注意,只有在项目和相应模块的编辑,Fortran、Date、Signal 和 Nodes 窗口才是可用的。

Data(数据窗口)：数据窗口是一个简单的文本阅读器,使得用户更容易访问任何存在的电气网络的 EMTDC 的输入数据,这些数据与正在电路窗口里被察看的模块相对应的。例如,如果正在电路视图里察看项目的主页,数据窗口(单击 Data 选项卡)将显示主页里的 EMTDC 输入数据。

Signals(标号窗口)：标号窗口是一个简单的文本阅读器,它列出了关于输出可用的数据标号的信息,这些标号与正在电路窗口里被察看的模块相对应的。可单击 Signals 选项卡来察看此窗口。

Nodes(节点窗口)：节点窗口是一个简单的文本阅读器,它列出了关于所有电气节点的信息,这些节点正在电路窗口里被察看的模块相对应的。可单击 Nodes 选项卡来察看此窗口。

4.1.3　PSCAD 仿真示例

1) PSCAD 使用步骤

PSCAD 的使用步骤如下：① 打开主程序；② 熟悉模型库；③ 运行例子程序；④ 建立新仿真系统；⑤ 进行系统参数设置；⑥ 编译、修改系统；⑦ 运行系统；⑧ 输出和分析仿真结果；⑨ 建立新地模块；⑩ 编写自己的程序。

2) 控制或显示数据的获取

因为 PSCAD 是 EMTDC 仿真算法引擎的图形用户界面,所以为了控制输入变量或观察仿真数据,用户必须给 EMTDC 提供一些控制或观察变量的指令,在 PSCAD 中即表现为一些特殊的元件或运行对象。

记录、显示或控制任何 PSCAD 中的数据信号,必须首先把信号连接到运行对象上。从而运行对象被分成如下三组。

(1) 控制器：滑动开关、开关、拨码盘、按钮。

(2) 记录器：输出通道、PTP/COMTRADE 记录器。

(3) 显示器：控制面板、图形框、XY 直角坐标绘图、多测计、相量计。

每个运行对象都有其特定功能,也可联合使用达到控制或显示数据的目的。

提取输出数据：使用输出通道元件导出所需信号，用于图形或表计的在线显示，或送到输出文件。如图 4.1‐11 所示，测量电路中某点对地电压，从电压表中导出数据并显示，或者导出某一未命名信号数据。

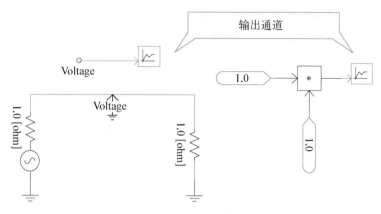

图 4.1‐11　测量数据输出通道

注意，输出通道不能直接连接在电气线上，比如图 4.1‐11 左侧电压表测电压处，必须间接转换数据。除此之外，可以连接到任意数据信号。如图 4.1‐11 右侧，输出通道直接与数学运算操作的输出连接。

控制输入数据：使用控制运行对象（如滑动开关、拨码盘、开关或按钮）控制输入数据，作为源或特定数据信号。只需在 PSCAD 电路画布上添加相应控制对象既可，如图 4.1‐12 所示。图 4.1‐12 左图表示使用滑动开关控制电压源输入，施加在两个 1 Ω 电阻串联电路上，右图表示使用拨码盘控制 A、B、C 三相电路之间的故障类型。

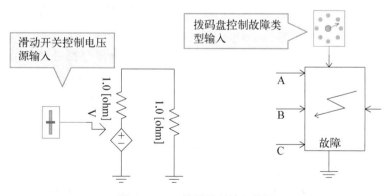

图 4.1‐12　控件控制输入数据

注意，此时控制对象不能手动调节，即呈现灰色，只有在连接控制接口时才能进行手动调节。

3) 仿真实例

下面以一个简单的分压电路为例，介绍如何进行一次仿真。本例中的分压电路将会用到如图 4.1‐13 所示的不同元件。

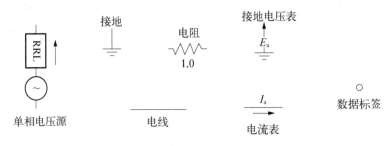

图 4 - 13　分压电路各元件

（1）确定单相源。

第一步便是在主库中寻找电路中要用的电源模型。在主库中选择"Single Phase Voltage Source Model 1"并添加到新案例工程主页。

移动元件到页面一个合适的位置，双击元件打开元件属性窗口。在"Configuration"（配置）页改变 Source Impedance Type 的下拉列为 R（纯电阻）。

将此页 Rated Volts(AC: L - G,RMS)（改变额定电压）输入从 110 kV 改变为 70.71 kV，使得最终电压源峰值为 100 kV。

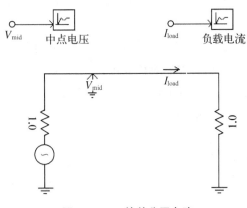

图 4.1 - 14　简单分压电路

保存此工程。

（2）添加和组装。

下一步是添加其余元件（即电线、电阻、电流表、输出通道、接地），按如图 4.1 - 14 所示布置所有元件成为一个简单的分压电路。图中，V_{mid} 为中点电压值，I_{load} 为负载电流值。

保存工程，设定余下元件的属性。

（3）绘制结果。

为了查看分压电路的任何结果，必须添加一个图形框并设定它显示波形。

添加图形框。右击输出通道元件出现弹出菜单，选择"Input/Output Reference｜Add new Analog Graph with signal"。此时将会创建一个新的图形框模拟仿真的图形曲线，如图 4.1 - 15 所示。

右击图形框的标题栏，在弹出菜单上选择"Graph Frame Properties..."，将会出现图形框属性的对话框，在名字一栏命名为 Currents and Voltages（电流和电压）。

添加另一个图形和曲线模拟。右击图形框的标题栏选择"Add Overlay Graph (Analog)"。现有图下方将会出现一个新的图形框。此图中添加曲线用来监测负载电流。右击输出通道中的"负载电流"，出现弹出菜单，选择"Input/Output Reference｜Add as Curve"。

以上步骤完成后，你的图形框将与图 4.1 - 16 所示的相似。

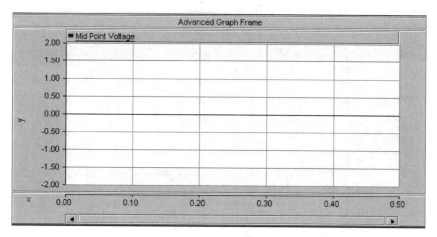

图 4.1-15　模拟仿真曲线的图形框

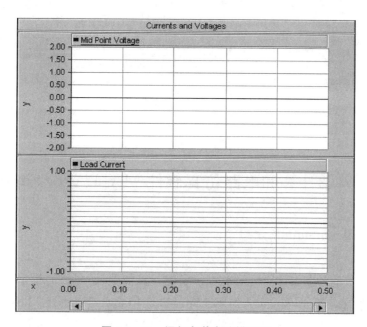

图 4.1-16　添加负载电流模拟图

（4）编辑图形属性。

自定义图形标题和垂直轴标签,右击图形顶端部分选择"Graph Properties...",按照你认为合适的编辑图形属性。例如,在电压图上改变 Y 轴标签为 kA,也可以关闭网格线并调整尺度。

（5）运行工程。

新工程运行前确保工作空间窗口被激活,单击主工具栏中的运行按钮 ⊙ 。

如果仿真没有错误,这将是最后一步;如果有错误将会记录在输出窗口。仿真完成后结果将如图 4.1-17 所示。

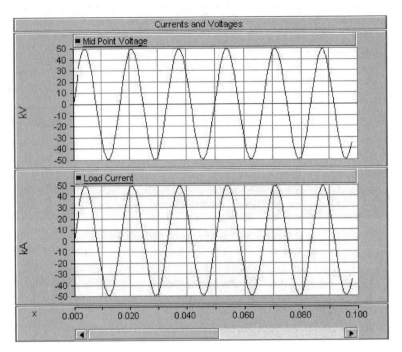

图 4.1 - 17 仿真结果图

4.2 科学计算和电路仿真软件 MATLAB - Simulink

4.2.1 MATLAB - Simulink 介绍

电路仿真的目的是在设计阶段对电气设备进行性能验证,尽可能模拟实际情况。常见的电路仿真软件包括 Multisim、MATLAB Simulink、Ltspice/Pspice 和 TINA - TI。

Simulink 是美国 Mathworks 公司推出的 MATLAB 中的一种可视化仿真工具。Simulink 是一个模块图环境,用于多域仿真以及基于模型的设计。它支持系统设计、仿真、自动代码生成以及嵌入式系统的连续测试和验证。Simulink 提供图形编辑器、可自定义的模块库以及求解器,能够进行动态系统建模和仿真。

Simulink 工具有以下三个特点。

(1)可视化。Simulink 仿真采用交互式开发的方法,操作简单、直观,用户只需要拖拽鼠标即可实现动态系统的仿真。图形化的界面可以避免过多的编程,同时又可以直观地反映仿真的过程。

(2)扩展性强。用户可以根据需求来编写自己的 Simulink 模块库,也可以建立子系统,封装子系统。

（3）灵活性好。虽然 MATLAB 为用户提供封装了大量的模块，但是用户在使用时也可以修改里面的参数。

4.2.2　MATLAB‐Simulink 界面与操作简介

Simulink 的进入方法如图 4.2‐1 所示，基本界面如图 4.2‐2 所示。

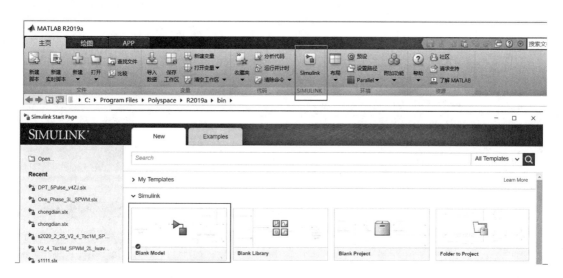

图 4.2‐1　MATLAB‐Simulink 进入方法与页面

Simulink 中包含多种仿真模型，用于电力领域的仿真库主要是 Simscape 库，包含绝大部分电气元件。Simscape 中的 Electrical 库以及下属的 Specialized Power System 库（见图 4.2‐3）包含以下多个模块：基础模块（Fundamental Blocks）、控制和测量（Control Measurements）、电机驱动（Electric drives）、柔性交流输电系统（FACTS）、新能源（Renewables）。

基础模块是使用最频繁的库，包括电源、电阻、电容、电感、电机、电力电子器件、电压测量和电流测量模块。控制与测量模块包括滤波器、功率测量、THD 测量、PLL、PWM 等模块。电机驱动模块包括交流驱动、直流驱动、逆变器、速度控制等模块。FACTS 和新能源模块包括电力电子 FACTS、变压器、风能和太阳能模块。

Simulink 可处理如下三类数据：① 信号，即在仿真期间计算的模块输入和输出；② 状态，即在仿真期间中计算的代表模块动态的内部值；③ 参数，即影响模块行为的值，由用户控制。

在每个时间步，Simulink 都计算信号和状态的新值。相比之下，可以在编译模型时指定参数，并且可以在仿真运行时偶尔更改它们。

Simulink 的基本操作按如下顺序流程：

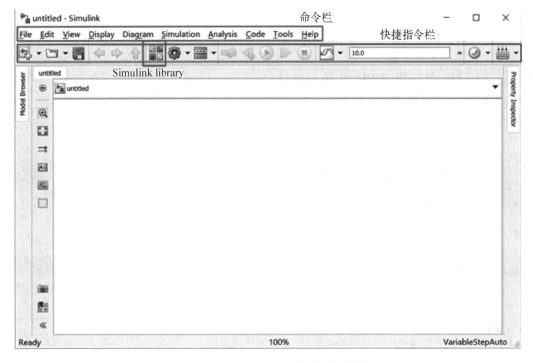

图 4.2-2　MATLAB-Simulink 基本界面

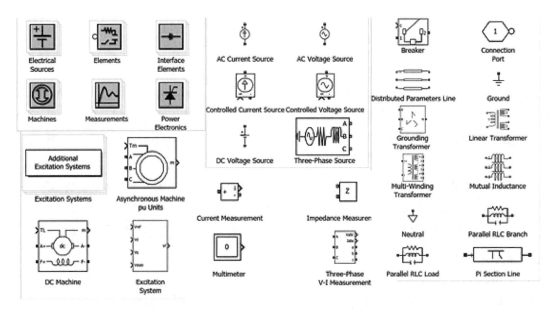

图 4.2-3　Simulink 中 power system 库的部分模块

1) 打开新模型

启动 MATLAB®。在 MATLAB 工具条上，单击"Simulink"按钮 。单击"Blank Model"模板。从"Simulation"选项卡中，选择"Save＞Save as"。在"File name"文本框中，输

入模型的名称,例如 simple_model。单击"Save"。模型使用文件扩展名 .slx 进行保存。

2) 打开 Simulink 库浏览器

Simulink 在库浏览器中提供了一系列按功能分类的模块库。下面是大多数工作流常用的一些模块库: ① Continuous,即表示具有连续状态的系统的模块; ② Discrete,即表示具有离散状态的系统的模块; ③ Math Operations,即实现代数和逻辑方程的模块; ④ Sinks,即存储并显示所连接信号的模块; ⑤ Sources,即生成模型的驱动信号值的模块。

在"Simulation"选项卡中,单击"Library Browser"按钮 。要浏览模块库,可从左窗格中选择一个类别,然后选择一个功能区。要搜索所有可用的模块库,可输入搜索词。

3) 将模块添加到模型

从某个库中,将某个模块拖动到 Simulink Editor 中。双击模块可以浏览需要输入的参数。通过单击并拖动每个模块来排列模块,拖动一个角来调整模块大小。

4) 连接模块

通过在输出端口和输入端口之间创建线条来连接模块。添加信号查看器来查看仿真结果。

5) 运行仿真

定义配置参数后,即可进行模型仿真。在"Simulation"选项卡中,可通过更改工具栏中的值来设置仿真停止时间。要运行仿真,请单击"Run"按钮 。

4.2.3　MATLAB - Simulink 仿真示例

下面以交流高压发生器仿真为例进行 Simulink 仿真。

需要用到的模块如图 4.2 - 4 所示,分别是电压源、变压器、无源电阻、电容元件、电感元件、示波器、电压测量模块、电流模块、PowerGUI 模块。

图 4.2 - 4　Simulink 中交流高压发生器仿真所需基本 power system 库模块

1) 试品容量对输出波形的影响(容升效应)

搭建如图 4.2 - 5 所示的基本变压器电路图,图中,V_{in} 为变压器原边电压,$V_{seconday}$ 为变压器副边电压,V_r 为限流电阻两端电压,V_c 为试样两端电压。参数设置如图 4.2 - 6 所示。使用线性变压器,原副边匝数比 220 : 50 000,限流电阻设置为 100 kΩ,改变试品电容量,观察输出电压变化情况。当试样的容量为 1 pF 时,电容上的电压基本为 50 kV;当试样的容量为 0.1 nF 时,电容上的电压超过 50 kV。仿真结果如图 4.2 - 7 所示。

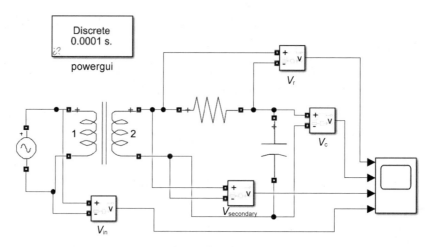

图 4.2 - 5　Simulink 中交流高压发生器容升现象仿真电路图

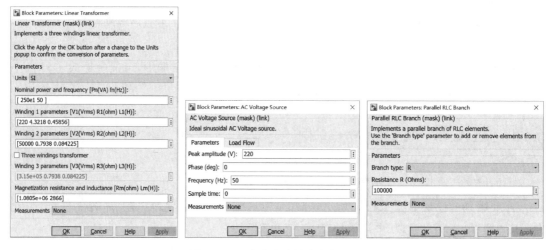

图 4.2 - 6　容升实验仿真参数设置

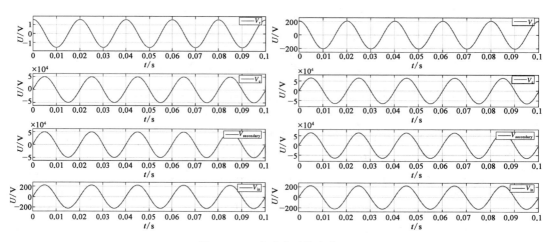

图 4.2 - 7　容升实验仿真结果

2）铁芯饱和对输出波形的影响

搭建如图 4.2 - 8 所示的基本变压器电路图,使用饱和变压器,原副边匝数比为 735∶315,原边电阻设置为 1 kΩ,原边电压为 200 kV,参数设置如图 4.2 - 9 所示。改变试品电容量,观察输出电压变化情况。当试样的容量为 1 μF 时,试品上的电压畸变程度稍轻;当试样的容量为 10 nF 时,试品上的电压畸变更大。仿真结果如图 4.2 - 10 所示。

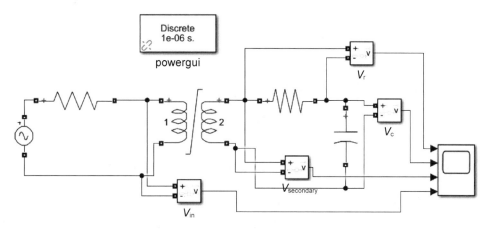

图 4.2 - 8 Simulink 中交流高压发生器铁芯饱和现象仿真电路图

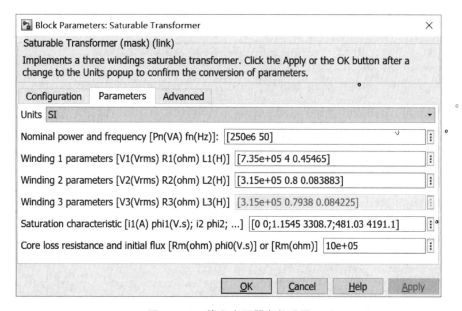

图 4.2 - 9 饱和变压器参数设置

3）谐振高压发生器

谐振高压发生器的等效电路和简化电路如图 4.2 - 11 所示。电容上的电压幅值受调谐电感和试品电容的影响。当试品容抗和调谐感抗相等时,试品上的电压达到最大,并且只与容抗与限流电阻的比值有关。

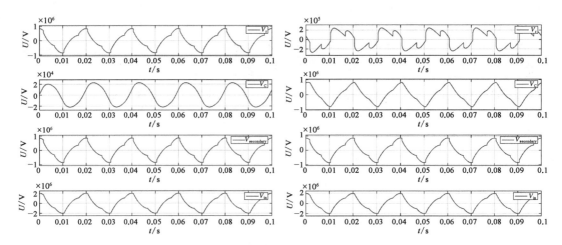

图 4.2‑10 铁芯饱和对输出电压影响仿真结果

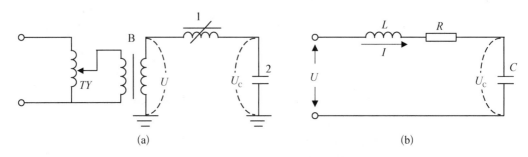

图 4.2‑11 串联谐振变压器等效电路图和简化电路图

搭建如图 4.2‑12 所示的仿真电路图,图中,V_L 为调谐电感两端电压,I 为输出电流。使用线性变压器,原副边匝数比为 735∶315,原边电压为 735 kV,谐振电感为 1.02 H,试品电容为 10 μF,观察副边电流、谐振电感和试样电容上的电压。试品电容上的电压约为 2 MV,远远高于副边电压 315 kV。改变谐振电感为 0.1 H,试品电容 10 μF,试样电容上的电压明显降低。仿真结果如图 4.2‑13 所示。

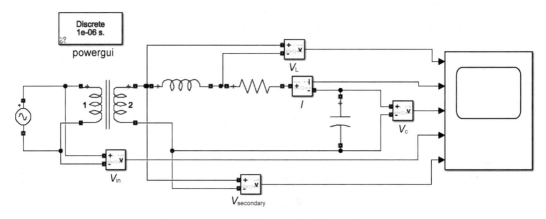

图 4.2‑12 串联谐振高压发生器仿真电路图

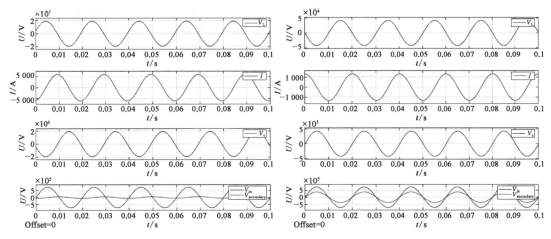

图 4.2‑13　串联谐振高压发生器仿真结果

4.3　多物理场仿真软件 COMSOL Multiphysics

4.3.1　COMSOL Multiphysics 介绍

COMSOL Multiphysics 是由 COMSOL 公司推出的一款大型多物理场建模与仿真软件,是该公司的旗舰产品。Multiphysics 翻译为多物理场,因此这个软件的优势就在于多物理场耦合方面,多物理场的本质就是偏微分方程组(system of partial differential equations, PDEs),所以只要是可以用偏微分方程组描述的物理现象,COMSOL Multiphysics 都能够很好地计算、模拟、仿真。这款软件以有限元法为基础,通过求解偏微分方程(单场)或偏微分方程组(多场)来实现真实物理现象的仿真,被当今世界科学家称为“第一款真正的任意多物理场直接耦合分析软件”,已经在声学、生物科学、化学反应、弥散、电磁学、流体动力学、燃料电池、地球科学、热传导、微系统、微波工程、光学、光子学、多孔介质、量子力学、射频、半导体、结构力学、传动现象、波的传播等领域得到了广泛的应用。

具体来讲,Comsol Multiphysics 这款软件具备以下特点:

(1)将求解多场问题转化为求解方程组,用户只需选择或者自定义不同专业的偏微分方程并进行任意组合,便可轻松实现多物理场的直接耦合分析。

(2)具有完全开放的架构,用户可在图形界面中轻松自由定义所需的专业偏微分方程。

(3)定义模型非常灵活,材料属性、源项以及边界条件等可以是常数、任意变量的函数、逻辑表达式或者直接是一个代表实测数据的插值函数等。

(4)具有专业的计算模型库,内置各种常用的物理模型,用户可轻松选择并进行必要的修改。

（5）内嵌丰富的 CAD 建模工具，用户可直接在软件中进行二维和三维建模，也具备全面的第三方 CAD 导入功能，支持当前主流 CAD 软件格式文件的导入。

（6）具有强大的网格剖分能力，支持多种网格剖分，支持移动网格功能。

（7）具有大规模计算能力，具备 Linux、UNIX 和 Windows 系统下 64 位处理能力和并行计算功能。

（8）具有丰富的后处理功能，可根据用户的需要进行各种数据、曲线、图片及动画的输出与分析。

（9）具有专业的在线帮助文档，用户可通过软件自带的操作手册轻松掌握软件的操作与应用。

（10）具有多国语言操作界面，易学易用，具有方便快捷的载荷条件、边界条件、求解参数设置界面。

我们主要用它来求解电磁场。对于无自由电荷的介质而言，其麦克斯韦方程组的形式如下：

麦克斯韦-安培定律
$$\nabla \times \boldsymbol{H} = \sigma \boldsymbol{E} + \frac{\partial (\varepsilon \boldsymbol{E})}{\partial t} \tag{4.3-1}$$

法拉第定律
$$\nabla \times \boldsymbol{E} = -\frac{\partial (\mu \boldsymbol{H})}{\partial t} \tag{4.3-2}$$

高斯定理
$$\nabla \cdot (\varepsilon \boldsymbol{E}) = 0 \tag{4.3-3}$$

高斯磁定律
$$\nabla \cdot (\mu \boldsymbol{H}) = 0 \tag{4.3-4}$$

将麦克斯韦-安培定律和法拉第定律相结合，通过将其中一个方程的旋度代入另一个方程，可以得到一个二阶波动方程，也就是用这两个一阶方程联立成的方程组表示电磁波。

为了推导电场的一个二阶波动方程，我们首先假设材料不随时间发生变化，然后可以从法拉第定律的时间导数中去除磁导率，并将其取倒数

$$\mu^{-1} \nabla \times \boldsymbol{E} = -\frac{\partial \boldsymbol{H}}{\partial t} \tag{4.3-5}$$

对其取旋度

$$\nabla \times (\mu^{-1} \nabla \times \boldsymbol{E}) = -\frac{\partial (\nabla \times \boldsymbol{H})}{\partial t} = -\frac{\partial}{\partial t}\left(\sigma \boldsymbol{E} + \frac{\partial (\varepsilon \boldsymbol{E})}{\partial t}\right) = -\sigma \frac{\partial \boldsymbol{E}}{\partial t} - \varepsilon \frac{\partial^2 \boldsymbol{E}}{\partial t^2} \tag{4.3-6}$$

将所有项集中到方程的一边，得到

$$\nabla \times (\mu^{-1} \nabla \times \boldsymbol{E}) + \sigma \frac{\partial \boldsymbol{E}}{\partial t} + \varepsilon \frac{\partial^2 \boldsymbol{E}}{\partial t^2} = 0 \tag{4.3-7}$$

经过类似的推导，可以得到如下磁场方程：

$$\nabla \times (\nabla \times \boldsymbol{H}) + \sigma\mu \frac{\partial \boldsymbol{H}}{\partial t} + \varepsilon\mu \frac{\partial^2 \boldsymbol{H}}{\partial t^2} = 0 \tag{4.3-8}$$

要使此式成立,我们的前提是假设材料属性与空间无关。相反,通过从磁矢势推导波动方程,可以减少上述限制的影响。

在自由空间中,$\sigma = 0$,$\mu = \mu_0$,$\varepsilon = \varepsilon_0$。 电场方程可以用如下形式表示:

$$\nabla \times (\nabla \times \boldsymbol{E}) + \varepsilon_0 \mu_0 \frac{\partial^2 \boldsymbol{E}}{\partial t^2} = 0 \tag{4.3-9}$$

其等效公式为

$$\nabla \times (\nabla \times \boldsymbol{E}) + \frac{1}{c_0^2} \cdot \frac{\partial^2 \boldsymbol{E}}{\partial t^2} = 0 \tag{4.3-10}$$

其中光速为

$$c_0 = \frac{1}{\sqrt{\varepsilon_0 \mu_0}} \tag{4.3-11}$$

自由空间中的高斯定律为 $\nabla \cdot \boldsymbol{E} = 0$,结合矢量恒等式

$$\nabla \times (\nabla \times \boldsymbol{E}) = \nabla (\nabla \cdot \boldsymbol{E}) - \nabla^2 \boldsymbol{E} = -\nabla^2 \boldsymbol{E} \tag{4.3-12}$$

可以得到我们可能更为熟悉的如下形式的波动方程:

$$\nabla^2 \boldsymbol{E} - \frac{1}{c_0^2} \cdot \frac{\partial^2 \boldsymbol{E}}{\partial t^2} = 0 \tag{4.3-13}$$

类似地,还可以得到如下形式的磁场方程:

$$\nabla^2 \boldsymbol{H} - \frac{1}{c_0^2} \cdot \frac{\partial^2 \boldsymbol{H}}{\partial t^2} = 0 \tag{4.3-14}$$

表 4.3-1 汇总了最重要的电磁波方程。

表 4.3-1　电磁波方程汇总表

方 程 名 称	微 分 形 式	积 分 形 式	边 界 条 件
高斯磁定律	$\nabla \cdot \boldsymbol{B} = 0$	$\oint_s \boldsymbol{B} \cdot \boldsymbol{n}\,\mathrm{d}S = 0$	$\boldsymbol{n} \cdot (\boldsymbol{B}_2 - \boldsymbol{B}_1) = 0$
麦克斯韦-安培定律 (静电学)	$\nabla \times \boldsymbol{H} = \boldsymbol{J} + \dfrac{\partial \boldsymbol{D}}{\partial t}$	$\oint_s \boldsymbol{H} \cdot \mathrm{d}\boldsymbol{l} = I + \oint_s \dfrac{\partial \boldsymbol{D}}{\partial t}\mathrm{d}S$	$\boldsymbol{n} \times (\boldsymbol{H}_2 - \boldsymbol{H}_1) = \boldsymbol{J}_s$
法拉第定律	$\nabla \times \boldsymbol{E} = -\dfrac{\partial \boldsymbol{B}}{\partial t}$	$\oint_c \boldsymbol{E} \cdot \mathrm{d}\boldsymbol{l} = -\oint_s \dfrac{\partial \boldsymbol{B}}{\partial t}\mathrm{d}S = -\dfrac{\partial \Phi}{\partial t}$	$\boldsymbol{n} \times (\boldsymbol{E}_2 - \boldsymbol{E}_1) = 0$

注:Φ 表示通过 C 的闭合等值面的磁通量,J_s 表示表面电流密度。

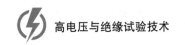

推导与麦克斯韦-安培定律和法拉第定律中的表面积分相对应的边界条件是一个取极限的过程,需要得到与极限表面垂直的通量。对于一个趋向于无限小到消失的面,该过程的贡献为零,因此在静态时,麦克斯韦-安培定律和法拉第定律对应的边界条件相同。

4.3.2 COMSOL Multiphysics 界面与操作简介

运行 COMSOL Multiphysics 软件后,首先看到的是如图 4.3-1 所示的界面,在这个界面单击"Model Wizard",之后软件会引导你逐步设置仿真需要的建模形式、物理场和求解器。

图 4.3-1 COMSOL Multiphysics 软件界面

首先是建模形式的选择,由图 4.3-2 可以看到 COMSOL Multiphysics 提供了多种建模形式,包括三维建模、二维轴对称建模、二维建模、一维轴对称建模、一维建模以及零维建模。在这里单击你所需的建模形式。

之后软件会引导你进入下一环节——物理场模块的选择。你会看到如图 4.3-3 所示的界面,在这里可以看到 Comsol Multiphysics 提供了丰富的物理场模块,包括 AC/DC 模块、声学模块、流体模块、传热模块、等离子体模块等。每个模块下还有若干子模块。需要说明的是,不同版本的 Comsol Multiphysics 提供的物理场模块不完全相同。在这里选择你所需要的物理场模块,单击"Add"进行添加,所需物理场全部选择完毕后,单击下方的"Study"。

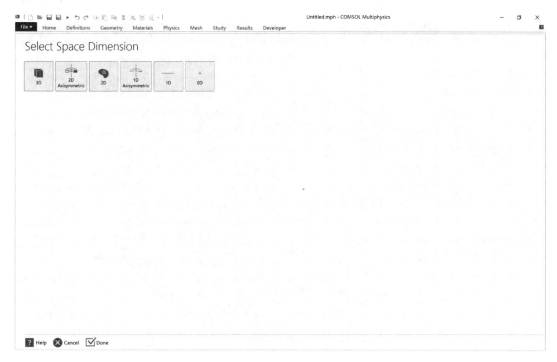

图 4.3 - 2　建模形式的选择

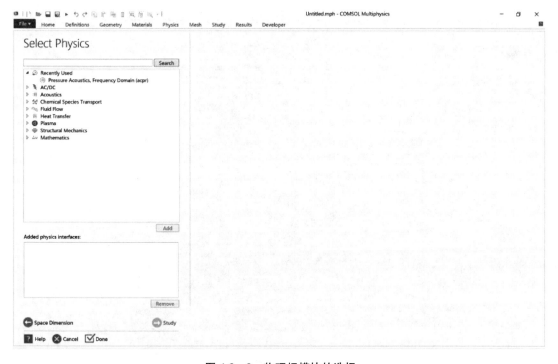

图 4.3 - 3　物理场模块的选择

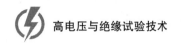

之后便会进入求解器的选择，如图 4.3 - 4 所示。Comsol Multiphysics 提供的求解器类型包括稳态、瞬态、频域求解器等多种。这里同样根据需要选择合适的求解器，单击"DONE"。

图 4.3 - 4　求解器的选择

以上步骤全部完成后就会进入 Comsol Multiphysics 的主界面，如图 4.3 - 5 所示。

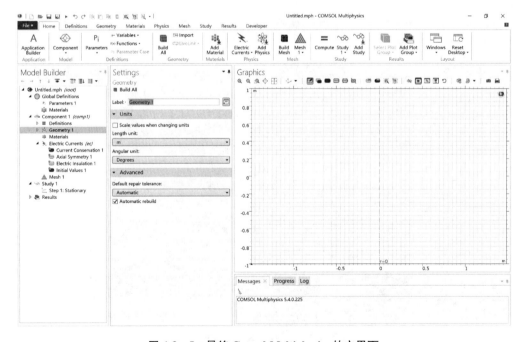

图 4.3 - 5　最终 Comsol Multiphysics 的主界面

之后,建立所研究问题的几何结构以及所需要的材料属性。材料属性可以自己定义,也可以通过 comsol 内置材料库调取使用。设置物理场状态,包括初始条件和边界条件,如果有多个物理场,应注意多物理场接口。对模型进行剖分,合理划分网格大小,可以根据物理场控制划分网格规模,也可以个性化设置。计算并可视化处理,根据研究问题确定时间步长。最后根据需要进行后处理。

4.3.3　COMSOL Multiphysics 仿真示例

这里我们以计算电容为例示范软件的使用方法。最简单的电容器是一个双端子电气元件,在端子施加电压时可存储电能,该电能与外加电压的平方成正比,可存储电能的大小由器件的电容决定。我们要分析的电容器如图 4.3 - 6 所示,这是一个由两面都有金属板的介电盘和铅丝组成的简单电容器,我们将在静电条件下求解它的电场分布和电容。

几何建模步骤如下。

(1) 在新建窗口中单击"模型向导"——在模型向导窗口中单击"三维建模",单击"添加"——单击"研究"——在选择研究树中选择"稳态",单击"完成"。

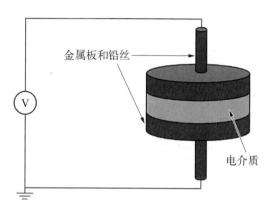

金属板和铅丝

电介质

图 4.3 - 6　一个由两面都有金属板的介电盘和铅丝组成的简单电容器

(2) 在模型开发器窗口的组件 1(comp1)节点下单击"几何 1"——在几何的设置窗口中定位到单位栏——从长度单位列表中选择 cm。

(3) 首先,创建一个圆柱体表示模型域:在几何工具栏中单击"圆柱体"——在圆柱体的设置窗口中定位到大小和形状栏——在半径文本框中输入"20",在高度文本框中输入"20"——单击构建选定对象。

(4) 接着,添加一个圆柱体,表示带有两块金属板的电介质盘。在几何工具栏中单击"圆柱体"——在圆柱体的设置窗口中定位到大小和形状栏——在半径文本框中输入"10",在高度文本框中输入"4"——定位到位置栏。在 z 文本框中输入"8"——单击以展开层栏。在表中输入如下设置:

层名称	厚度/mm
层 1	5

(5) 清除层在边上复选框——选中层在底面复选框——选中层在顶面复选框——单击构建选定对象。

(6) 添加两个圆柱体来表示铅丝。在几何工具栏中单击"圆柱体"——在圆柱体的设置窗口中定位到大小和形状栏——在半径文本框中输入"0.75",在高度文本框中输入"8"——右击圆柱体 3(cyl3)并选择"复制粘贴"——在圆柱体的设置窗口中定位到位置栏——在 z 文本框中输入"12"——单击构建所有对象。

接下来,我们可以创建多组选择,用于设置物理场。

(1)金属。在定义工具栏中单击"显式"——在显式的设置窗口中,在标签文本框中输入"金属"——选择"域"2 和 4~6。

(2)绝缘体。在定义工具栏中单击"补集"——在补集的设置窗口中,在标签文本框中输入"绝缘体"——定位到输入实体栏,在"要反转的选择"下单击"添加"——在"添加"对话框中,从"要反转的选择"列表中选择"金属"——单击"确定"。

(3)接地。在定义工具栏中单击"显式"——在显式的设置窗口中,在标签文本框中输入"接地"——选择"域"2 和 5 ——定位到"输出实体"栏,从"输出实体"列表中选择"相邻边界"。

(4)终端。在定义工具栏中单击"显式"——在显式的设置窗口中,在标签文本框中输入"终端"——选择"域"4 和 6 ——定位到"输出实体"栏,从"输出实体"列表中选择"相邻边界"。

接下来,我们对物理场进行设置。

(1)在"模型开发器"窗口的组件 1(comp1)节点下,单击"静电(es)"——在"静电"的"设置"窗口中定位到"域选择"栏——从选择列表中选择"绝缘体"。

(2)在"物理场"工具栏中单击"边界",选择"接地"——在"接地"的"设置"置窗口中定位到"边界选择"栏——从选择列表中选择"接地"。

(3)在"物理场"工具栏中单击"边界",选择"端子"——在"端子"的"设置"置窗口中定位到"边界选择"栏——从选择列表中选择"终端"——定位到"端子"栏。从"端子类型"列表中选择"电压"。

接下来,给模型设置材料属性。

(1)在主屏幕工具栏中,单击"添加材料"以打开添加材料窗口——转到"添加材料"窗口——在模型树中选择"内置材料">AIR ——单击窗口工具栏中的"添加到组件"——在模型树中选择"内置材料">Glass(quartz)——单击窗口工具栏中的"添加到组件"——关闭"添加材料"窗口。

(2)将 Glass(quartz)设置给"域"3。

之后,在模型开发器窗口的组件 1(comp1)节点下,右击"网格 1"并选择全部构建,结果如图 4.3 - 7 所示。

之后,运行仿真。在模型开发器窗口中,单击"研究 1"——在研究的设置窗口中定位到"研究设置"栏——清除"生成默认绘图"复选框——在主屏幕工具栏中单击"计算"。仿真运行结束后,从"结果"中可以查看相应的计算结果,还可在"结果"中自行对显示的截面、颜色等特性进行设置,如图 4.3 - 8 所示。

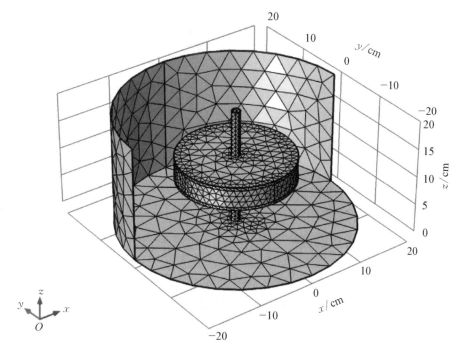

图 4.3 - 7　网格图

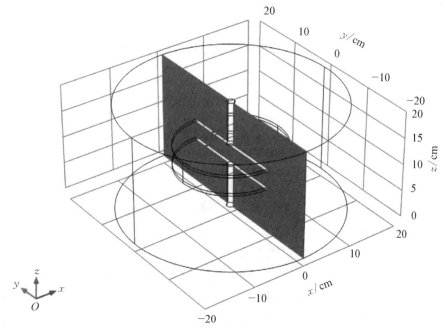

图 4.3 - 8　仿真结果图

第5章

常见电气设备

广义的电气设备是指将机械或机械部件(如材料、装置、器件、器具、卡具、仪器及类似物件)与电连接的装置。在实际应用中,电气设备(electrical equipment)是对电力系统中发电机、变压器、电力线路、断路器等设备的统称。电气设备是电力系统的骨架,是实现电力生产、传输、变换、分配的基础。一般可将电气设备划分为电气一次设备和电气二次设备。电气一次设备是指直接生产、转换和输配电能的设备,主要包括生产和转换电能的设备(发电机、电动机、变压器)、接通或断开电路的开关电器(断路器、隔离开关、接触器、熔断器)、限制故障电流的电抗器和防御过电压的电器(避雷器/针/线)、接地装置(工作接地、保护接地、防雷接地)、载流导体(母线、架空线、电力电缆)、补偿装置(调相机、电力电容器、消弧线圈、并联电抗器)、仪用互感器(电压互感器、电流互感器)等。电气二次设备是指对一次设备进行测量、控制、监视和保护的设备,主要包括测量仪表(电压表、电流表、功率表、电能表)、继电保护及自动装置、直流设备(直流发电机组、蓄电池)、控制和信号设备及其控制电缆等。本章针对电力系统中常见的电气设备类型、结构、功能、参数等方面进行介绍,包括容性设备、避雷器、绝缘子与架空线、变压器、电缆、旋转电机、GIS 与高压开关设备、储能技术与装备。

5.1　容　性　设　备

容性设备指主要以电容作为功能特征,可以用电容量、介质损耗和绝缘电阻等基本介电参数描述性能的设备。容性设备的特点是高压端对地有较大的等值电容,一般 110 kV 及以上电容型设备的高压端对地电容约在 500~7 000 pF 之间,例如,110 kV 及以上电容套管的电容多数在 500 pF 左右,220 kV 及以上电容式电流互感器的电容约为 1 000 pF,500 kV 电容式电压互感器的电容为 5 000 pF,110 kV 和 220 kV 耦合电容器的电容分别为 6 600 pF 和 3 300 pF。

容性设备的主要研究对象有电力电容器、脉冲电容器、耦合电容器、高压套管(包括穿墙套管)和电容式电压/电流互感器。这些设备约占变电站设备总量的 40%~50%,在变电站中具有举足轻重地位。这些设备的绝缘故障不仅影响整个变电站的安全运行,同时还危及其他设备和人身的安全。电缆、绝缘子和避雷器等不在本节讨论中。

5.1.1 电力电容器

电力电容器用于移相、电抗补偿、高压线路载波信号耦合、断路器端口均压和改善设备功率因数,一般其额定电压并不等同于电力系统运行电压。电力电容器的典型绝缘结构包含套管(高压引线用)和电容单元(电容单元浸渍于液体绝缘油中且沿着电容器箱壁均匀排布),如图 5.1-1 所示。

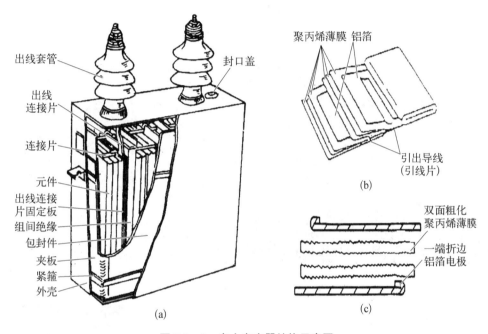

图 5.1-1 电力电容器结构示意图
(a) 立放、带内熔丝、小元件并联电容器;(b) 元件结构;(c) 元件介质结构

并联电容器常装在铁壳内,并联在电力线路上以补偿感性负载、提高系统的功率因数 $\cos\varphi$。当并有电容器后,线路电流由 I 减为 I',相位角由 φ 降为 φ',由系统提供的容量可减小 ΔS,即

$$\Delta S = UI - UI' = P\left(\frac{1}{\cos\varphi} - \frac{1}{\cos\varphi'}\right) \tag{5.1-1}$$

式中,S 为视在功率,P 为有功功率。

串联电容器与线路串联以补偿长距离线路的感抗,从而减小线路压降,改进电压调整率,提高传输容量。

引起电力电容器故障的原因有外力损伤、充放电时局部能量消散(热、高能电子、光辐射等)、潮气侵入、漏油和长期电热老化等,外在表现为电容器击穿、介质损耗增加、电容增大或者减小等。

5.1.2 脉冲电容器

脉冲电容器能够把一个小功率电源在较长时间间隔内对电容器的充电能量储存起来,在需要的某一瞬间,在极短的时间间隔内将所储存的能量迅速释放出来,形成强大的冲击电流和强大的冲击功率。脉冲电容器常用于多种试验装置中,如冲击电压发生器、冲击电流发生器、断路器试验用振荡回路、局部放电信号耦合和电容分压器等,如图 5.1-2 所示。通常仅在试验时才间断性工作,于是其工作条件比交流下长期运行的电容器优越得多,因而允许使用的工作场强显著提高。

图 5.1-2 脉冲电容器实物图

5.1.3 耦合电容器

耦合电容器一般装在绝缘外壳内,用以实现载波通信及测量、保护的功能,如图 5.1-3 所示。用由耦合电容器和中间变压器等所组成的电容式电压互感器来测量电压时,准确度比常用的铁磁式电压互感器高,近年来应用日益广泛。耦合电容器的高压端接于输电线上,低压端经过耦合线圈接地,使高频载波装置在低电压下与高压线路耦合。

5.1.4 高压套管

高压套管是供一个或几个导体穿过诸如墙壁或箱体等隔断,起绝缘和支撑作用的器件,是电力系统中的重要设备,如变

图 5.1-3 耦合电容器实物

压器绕组的出线套管、穿墙套管等。图 5.1－4 为某种 750 kV 断路器充 SF$_6$ 引线套管的结构图。运行过程中外电极(如套管的中间法兰)边缘处的电场十分集中,放电常从这里开始。高压套管可以分为电容式套管(胶纸套管、油纸套管)和非电容式套管(充油套管、充 SF$_6$ 套管等)。

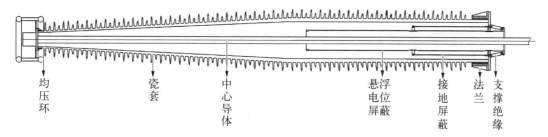

均压环　　瓷套　　中心导体　　悬浮电位屏蔽　接地屏蔽　法兰　支撑绝缘

图 5.1－4　750 kV 断路器充 SF$_6$ 引线套管结构图

5.1.5　电容式电压或电流互感器

电容式电压互感器(capacitance type voltage transformer,CVT)由电容分压器和电磁单元组成,如图 5.1－5 所示。电容分压器由高压电容 C_1 和中压电容 C_2 串联组成。电磁单元由中间变压器、补偿电抗器串联组成。电容分压器可作为耦合电容器,在其低压端 N 端子连接结合滤波器以传送高频信号。

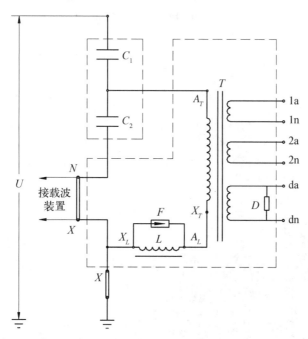

C_1—高压电容;C_2—中压电容;T—中间变压器;L—补偿电抗器;D—阻尼器;F—保护装置;
1a、1n—主二次 1 号绕组;2a、2n—主二次 2 号绕组;da、dn—剩余电压绕组(100 V)。

图 5.1－5　电压互感器内部电路图

电容分压器分压后(一般为 10～20 kV)经中间变压器降为 $100/\sqrt{3}$ V 和 100 V(或 100/3 V)的电压,为电压测量及继电保护装置提供电压信号。中压回路中串接电抗器是为了补偿由于负载效应引起的电容分压器的容抗压降。中间变压器二次侧有一个绕组上的阻尼器,是为了能够有效地抑制铁磁谐振。

电压互感器结构原理如图 5.1－6 所示,某种 750 kV 电容式电压互感器照片如图 5.1－7 所示。

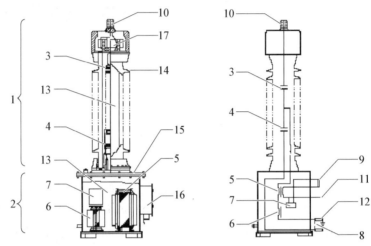

1—电容分压器;2—电磁单元;3—高压电容;4—中压电容;5—中间变压器;6—补偿电抗器;7—阻尼器;8—电容分压器低压端对地保护间隙;9—阻尼器连接片;10—一次接线端;11—二次输出端;12—接地端;13—绝缘油;14—电容分压器套管;15—电磁单元箱体;16—端子箱;17—外置式金属膨胀器。

图 5.1－6 电压互感器结构原理

图 5.1－7 750 kV 电容式电压互感器实物图

电容式电流互感器(current transformer, CT)利用绝缘材料(油浸电缆纸)与电容屏(铝箔)将设备主绝缘层层包裹,通过调整电容屏间的径向厚度,达到内绝缘场强均匀分布的目的。在较厚绝缘层中设置多个电容屏,通过调整电容屏间的径向距离,均化电场。如果电流互感器的末屏接地不良,末屏会产生悬浮电位,并在一定条件下向周边设备放电,损坏绝缘,严重时会引发互感器爆炸或接地故障等事故。

电容式电流互感器可以分为正立式与倒立式,两者均采用穿心式结构。正立式电流互感器的电容型绝缘层包裹于 U 形高压一次绕组上,其中零屏(高压电屏)位于

内侧,而末屏位于外侧,如图 5.1 - 8 和
5.1 - 9 所示。而倒立式电流互感器的一次
绕组较短,动稳定性更好,油箱与二次绕组
均位于顶部,其零屏(高压电屏)位于最外
侧,邻近高压一次绕组,将电容型绝缘材料
包裹于二次绕组,并将末屏(地电屏)与二次
绕组引线管相连,如图 5.1 - 10 所示。由于
二次引线导管能够承载短路电流,一旦互感
器顶部发生故障,能将短路电流导入大地,
避免套管爆炸等事故的发生。

电容式电流互感器的常见故障如下:

(1) 运行过热,有异常的焦臭味,甚至冒
烟。原因:二次开路或一次负载电流过大。

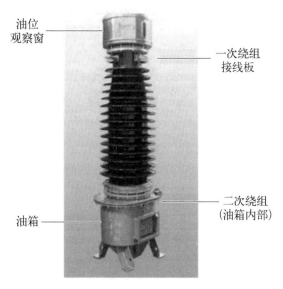

图 5.1 - 8　正立式电流互感器实物图

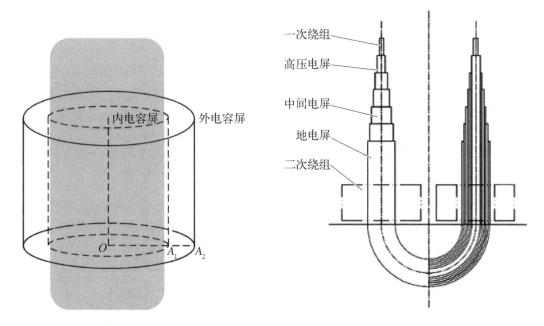

图 5.1 - 9　正立式电流互感器内部结构示意图

(2) 内部有放电声或引线与外壳间有火花放电现象。原因:绝缘老化、受潮引起漏电或
互感器表面绝缘半导体涂料脱落。

(3) 主绝缘对地击穿。原因:绝缘老化、受潮、系统过电压。

(4) 一次或二次绕组匝间层间短路。原因:绝缘受潮、老化、二次开路产生高电压,使二
次匝间绝缘损坏。

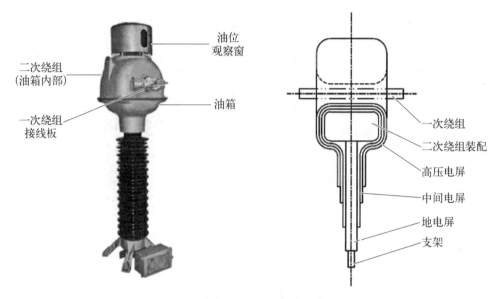

图 5.1-10 倒立式电流互感器实物与内部结构示意图

油位观察窗
二次绕组（油箱内部）
油箱
一次绕组接线板

一次绕组
二次绕组装配
高压电屏
中间电屏
地电屏
支架

5.2 避 雷 器

5.2.1 避雷器的结构和功能

避雷器是一种过电压限制器,由多个阀片电阻串联而成,如图 5.2-1 所示。当过电压出现时,避雷器两端子间的电压不超过规定值,使电气设备免受过电压损坏,过电压消失后,又能使系统迅速恢复正常状态,即表现为流过避雷器的电流仅有微安级,相当于一个绝缘体。

避雷器按照其所使用的阀片材料和结构可以分为保护间隙避雷器、管型避雷器、阀型避雷器(普通阀型避雷器 FS 型和 FZ 型、磁吹阀型避雷器 FCZ 型和 FCD 型)和氧化锌避雷器。金属氧化物避雷器是由非线性金属氧化物电阻片串联或并联组成的避雷器(metal oxide surge arresters,MOA)。金属氧化物避雷器的阀片以氧化锌(ZnO)为主要材料,掺以少量其他金属氧化物添加剂经高温焙烧而成。

金属氧化物避雷器是目前避雷器发展的主要方向。ZnO 电阻片具有极其优异的非线性伏安特性(见图 5.2-2)、快速的响应特性、强大的能量吸收能力和持久的抗老化特性,在不同

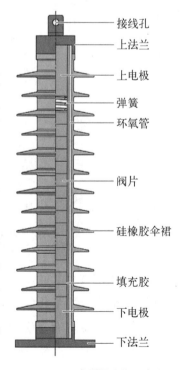

接线孔
上法兰
上电极
弹簧
环氧管
阀片
硅橡胶伞裙
填充胶
下电极
下法兰

图 5.2-1 避雷器结构示意图

区段有敏感程度不同的温度特性。在正常工作电压下,金属氧化物电阻片阻值很大(电阻率高达 $10^{10}\sim10^{11}\ \Omega\cdot cm$),通过电阻片的漏电流很小(微安级),在这个电流下,电阻片具有足够长的运行寿命。而在过电压的作用下,金属氧化物电阻片阻值会急剧变小,非线性系数 α 为 $0.01\sim0.04$,因此保证了在泄放几千安操作电流和几十千安雷电流时电阻片两端仍然保持低电压。

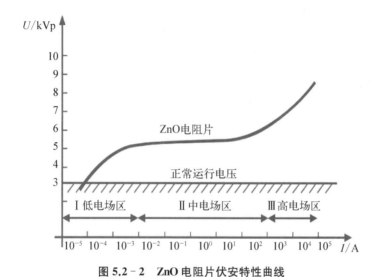

图 5.2‑2 ZnO 电阻片伏安特性曲线

在低电场区,金属氧化物避雷器具有极强的电介质特性,在持续工作电压下,静态相对介电常数 ε_r 为 $650\sim1\,200$,对外主要呈现电容特性,泄漏电流中,阻性电流分量约占全电流的 $1/5\sim1/12$;等值电阻具有明显的负温度系数,其值依据配方、工艺的不同而异。

ZnO 电阻片在高电场区(即工作区)呈现极强的金属特性,在大于 $1\ \mu s$ 的冲击波电流作用下,主要显示电阻特性,随着温度的升高,其电阻值单调增大。ZnO 电阻片具有对称性、无极性效应,在不小于 $1\ \mu s$ 的冲击电流波范围内,其响应时间可忽略不计。在配方工艺一定的前提下,电阻片伏安特性与作用波波形有关,波形陡度增加,残压增大,在 VFTO 波作用下,呈现明显的电感特性,残压出现过冲现象。

5.2.2 避雷器的分类

金属氧化物避雷器按照绝缘结构特征可以分为无间隙型、串联间隙型和并联间隙型。

无间隙金属氧化物避雷器主要由氧化锌电阻片、防爆装置、均压装置、紧固装置、外绝缘套和密封装置等组成,结构简单,易于实现电阻片间的串并联,受环境影响小,使用于重污秽、潮气大的地区,能够对弱绝缘和大容量设备实施可靠保护。理论上可以实现带电水冲洗。其基于氧化锌的电气特性具有无续流、无截波、响应快、吸收能量大、保护残压低、电气性能稳定、抗老化性能强等独特特性,完全取消了放电间隙。

有串联间隙的金属氧化物避雷器的阀片与一间隙串联,间隙可以是外置,也可以是内置的,整体结构由阀片、放电间隙、防爆装置、紧固装置、外绝缘套、密封装置等组成,适用于6～10 kV中性点不接地系统。当单相接地时,可能发生比较严重的长时间暂态过电压,无间隙氧化锌避雷器难以承受此过电压。而有串联间隙氧化锌避雷器在单相接地较低幅值的过电压下不动作,使避雷器与系统隔离。高于间隙放电电压时间隙导通,避雷器放电,能有效保护设备和避雷器。间隙的存在使得放电电压具有分散性且受环境影响。若在淋雨状态下或重污秽地区运行,工频放电电压将明显降低,可能会导致避雷器误动损坏。

5.2.3　避雷器状态参量

金属氧化物避雷器的主要电气性能参数如下:

(1) 持续运行电压:允许长期连续施加在避雷器两端的工频电压有效值。基本上与系统的最大相电压相当。

(2) 额定电压:避雷器两端之间允许施加的最大工频电压有效值。正常工作时能够承受暂时过电压,并保持特性不变,不发生热崩溃。

(3) 参考电压与参考电流:参考电压与参考电流通常以电压 $U_{1\,mA}$、直流 1 mA 以及 0.75 倍 $U_{1\,mA}$ 电压下的泄漏电流来表示。

(4) 残压:放电电流通过避雷器时,其端子间所呈现的电压。

(5) 冲击电流耐受特性:耐受雷电和操作波电流的能力,它包括以下三个部分:

① 标称冲击电流耐受特性:8/20 μs 电流波,电流幅值为该避雷器的标称放电电流,此特性相当于耐受雷电过电压的能力。

② 长持续时间冲击电流耐受特性:将充了电的长线路模型向避雷器放电,形成 2 000～3 200 μs 的方波电流。该特性相当于耐受最严重的操作过电压能力。

③ 大冲击电流耐受特性:4/10 μs 冲击电流,电流幅值为 65 kA 或 40 kA,此特性相当于耐受大幅值短波雷电流的能力。

除此之外,避雷器的机械性能、防爆性能、防污性能、热稳定性能等也是反映避雷器性能的参数内容。

5.3　绝缘子与架空线

5.3.1　绝缘子

绝缘子在电力系统中或电气设备中将不同电位的导电体在机械上固定起来。架空线路的导线、变电所的母线和各种电气设备的带电体都需要用绝缘子支持,使之与大地或接地物绝缘,以保证安全可靠地输送电能。

绝缘子在工作中承受了工作电压和各种过电压的作用、机械应力的作用、环境应力的作用以及环境污秽引起的化学腐蚀作用,其工作条件通常非常恶劣。所以一个好的绝缘子应该具有热稳定、耐放电、耐污秽、抗拉、抗弯、抗扭、耐震动、耐电弧、耐泄漏、耐腐蚀等性能。绝缘子在电力系统中数量极大,一条近代超高压输电线路上所使用的绝缘子可能达到上百万个。高压绝缘子按用途分为线路绝缘子和电站绝缘子两大类,按击穿类型可以分为不击穿型和击穿型,如图 5.3-1 所示。部分常见交流高压绝缘子的基本型式如图 5.3-2 所示。

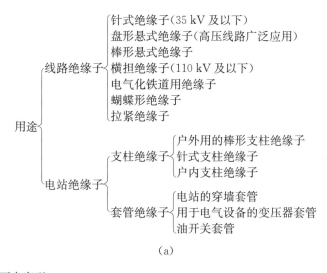

(a)

击穿 ⎰ 不击穿型
类型 ⎱ 击穿型:击穿距离与闪络距离之比小于 1/2 的绝缘子

滑闪放 ⎰ 不滑闪型:绝缘子表面上的电力线基本上与表面平行或相切
电特性 ⎱ 可滑闪:绝缘子的法线分量和切线分量同时存在

材质 ⎰ 瓷绝缘子
⎰ 玻璃绝缘子
⎱ 复合绝缘子

(b)

图 5.3-1　绝缘子分类

(a) 按用途分类;(b) 按其他分类

传统的用于制造绝缘子的材料是高压电瓷,它具有绝缘性能和化学性能稳定的特点,并具有较高的热稳定性和机械强度。后来采用钢化玻璃、浇注环氧树脂作为绝缘子的绝缘材料。

绝缘子串电气性能下降的原因:① 在搬运和施工过程中,受外力而损伤;② 在运行过程中,由于雷击而破碎或损伤;③ 机械负载和高电压的长期联合作用而导致劣化。

应用场所	线 路 绝 缘 子			电站、电器绝缘子		
型式	针式	蝶形	盘形悬式	针式支柱	空心支柱	套管
可击穿型			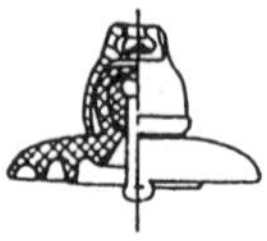		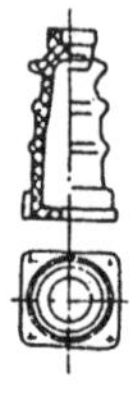	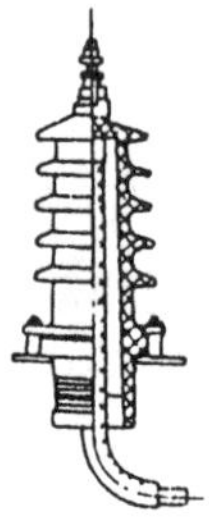
型 式	横 担	棒形悬式		棒形支柱		容器瓷套
不可击穿型						

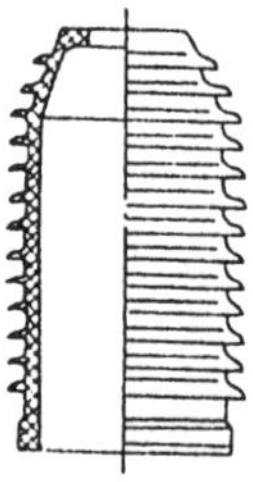

图 5.3‐2　部分常见交流高压绝缘子的基本型式

　　暴露在空气中的绝缘子,除去长期经受电场、机械应力作用外,绝缘子表面还会不断积累污秽物,在湿润时就会降低绝缘子的绝缘性能。如果绝缘在表面等值附盐密度达到一定的程度,那么在绝缘子表面潮湿的状况下,绝缘子表面的泄漏电流就会增加,甚至发生污秽闪络,导致整条输电线路以及整个配电网发生故障,对输电系统的安全运行造成巨大威胁。

5.3.2　架空线

　　架空输电线路即架设于地面上,利用绝缘子和空气绝缘的电力线路。架空线路的结构如图 5.3‐3 所示,由导线、架空地线、绝缘子串、杆塔、拉线和接地装置等部分组成。架空地线(又称避雷线)主要用于防止架空线路遭受雷闪袭击所引起的事故,它与接地装置共同起防雷作用。绝缘子串是由单个悬式绝缘子串接而成,需满足绝缘强度和机

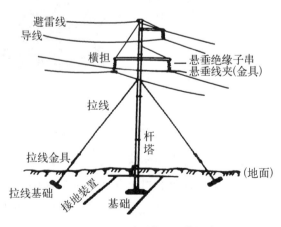

图 5.3‐3　架空线路组成部件

械强度的要求。主要根据不同的电压等级来确定每串绝缘子的个数,也可以用棒式绝缘子串接。对于特殊地段的架空线路,如污秽地区,还需采用特别型号的绝缘子串。杆塔是架空线路的主要支撑结构,多由钢筋混凝土或钢材构成,应根据机械强度和绝缘强度的要求进行结构设计。

与地下输电线路相比较,架空线路建设成本低,施工周期短,易于检修维护。因此,架空线路输电是电力工业发展以来所采用的主要输电方式。通常所称的输电线路就是指架空输电线路。通过架空线路将不同地区的发电站、变电站、负荷点连接起来,输送或交换电能,构成各种电压等级的电力网络或配电网。

5.4　变　压　器

变压器按用途可以分为电力变压器、试验变压器、仪用变压器、特殊用途变压器。按相数可以分为单相变压器、三相变压器。按绕组形式可以分为自耦变压器、双绕组变压器、三绕组变压器。按铁芯形式可以分为芯式变压器、壳式变压器。按冷却方式可以分为油浸式变压器、干式变压器。

在电力系统中使用最多的就是油浸式电力变压器,其可按表 5.4－1 大致分类。油浸式电力变压器主要组件或者附件包括一次和二次绕组、铁芯、引线、高低压套管、分接开关、散热器(或冷却器)、油箱、储油柜、净油器、气体继电器和底座等。

表 5.4－1　油浸式电力变压器的分类

分类方式	类　　型	说　　明	备　　注
基本结构	芯式(内铁式)结构	铁芯柱和绕组是立式同轴圆柱形结构	国内主要生产和使用芯式结构的电力变压器,也有少量壳式结构的电力变压器
	芯式(外铁式)结构	铁芯和绕组是卧式矩形结构	
磁路结构	单相变压器	双铁芯柱和三铁芯柱两种	超高压大容量单相变压器一般在旁柱上布置绕组
	三相变压器	三铁芯柱和五铁芯柱两种	
电力变换和调整的关系	普通多绕组变压器	双绕组、三绕组	对高压变压器来讲,普通多绕组变压器和自耦变压器一般有无载调压分接区
	自耦变压器	—	
	有载调压变压器	—	
	自耦有载调压变压器		

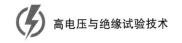

分类方式	类　　型	说　　明	备　　注
纵绝缘结构	内屏连续式	—	超高压变压器
	纠结连续式	—	
电力变压器的容量	小型变压器	630 kVA 以下	—
	中型变压器	800～6 300 kVA	—
	大型变压器	8 000～63 000 kVA	—
	特大型变压器	90 000 kVA	—
三相绕组结构及调压方式	单相双绕组	无励磁调压 有载调压(自耦)	电压等级为 500 kV
	单相三绕组	无励磁调压 有载调压(自耦)	电压等级为 500 kV
	三相双绕组	无励磁调压 有载调压	电压等级为 35 kV、110 kV
		无励磁调压 有载调压(自耦)	电压等级为 220 kV、330 kV、500 kV
	三相三绕组	无励磁调压 有载调压	电压等级为 110 kV
		无励磁调压 有载调压(自耦)	电压等级为 220 kV、330 kV、500 kV
使用条件	气体绝缘变压器	SF₆ 气体绝缘、蒸发冷却式	—
	干式变压器	—	—
	交联聚乙烯 XLPE 绕组变压器	—	—
	油浸式变压器	—	—

　　变压器的绝缘分为内绝缘和外绝缘,变压器外绝缘包括变压器油箱以外的空气(包括沿面)绝缘,它受到外界气候条件(气压、湿度、污秽等)的直接影响;而将变压器油箱内的绝缘称为内绝缘,由绝缘材料构成绝缘系统,分为主绝缘及纵绝缘。电力变压器绝缘材料的作用为电气隔离、固定、散热、灭弧、冷却、防潮、改善电位梯度和保护导体等,其老化程度对于电力变压器的使用寿命起着至关重要的作用。绝缘油、绝缘纸及纸板是目前我国 110 kV 及以

上等级大型电力变压器的主要绝缘材料。

电力变压器在电力系统中有着举足轻重的作用,是供配电系统中广泛使用、重要且昂贵的高压电气设备。电力变压器一旦发生损坏性故障,将直接影响电网的供电,除修复费用大外,还会造成更大的直接经济损失。然而,由于其设计制造技术、工艺以及运行维护水平等多方面的原因,电力变压器故障在电力系统中频繁发生,大大影响了电力系统的安全稳定运行。因此,加强对电力变压器的日常维护、完善常规的预防性试验手段、提高对各种故障的及时检测和预报能力具有十分重要的实际价值。目前,随着传感器、计算机技术、光纤及新测量技术的迅速发展,电力变压器故障在线监测技术有了长足的发展。

检测、诊断电力变压器的方法很多,有电气的、物理的和化学的,包括油中气体色谱分析、液相色谱分析技术、局部放电试验、超声定位技术、绝缘预防性试验、绝缘油老化试验、变压器耐压试验、绕组变形试验、油流带电试验、变压器老化诊断试验及各种常规试验。但归纳起来,现在较为常用的可分为三种:直观检查、电气预防性试验和绝缘油简化试验,后两种方法用于综合判定复杂的电力变压器内部故障。

5.5　电　　缆

近年来,随着社会的发展进步以及人民生活水平的不断提高,架空输电线路已经不能满足城市对电气设备设施在占地、环境等方面越来越高的要求。城市配电网络逐步采用电力电缆来替代传统的架空输电线。

电力电缆是在电力系统的主干线路中用以传输和分配大功率电能的电缆产品,包括1～500 kV各种电压等级,各种绝缘的电力电缆常用于城市地下电网、发电站引出线路、工矿企业内部供电及过江过海水下输电线。

5.5.1　电力电缆的分类

电力电缆的类别可分别按照电流制、绝缘材料和电压等级划分。

1) 按电流制划分

电力电缆按照电流制可分为交流电缆和直流电缆。

交流电缆顾名思义就是导体线芯内通过交流电压(电流)的电缆。一般逆变器至变压器的连接电缆、变压器至配电装置的连接电缆、配电装置至电网或用户的连接电缆均采用交流电缆。

现阶段,直流电缆的应用具有更广泛的应用前景。与高压交流输电方式相比,高压直流输电受环境影响较小、损耗较少、成本更低,更适用于长距离输电等场合。高压直流输电主要涉及线路整流换流器(line-commuted converter, LCC)和电压源换流器(voltage source converter, VSC)技术,后者也称为柔性直流输电技术。高压直流电缆作为柔性直流输电的重要组件,具有性能可靠、保养简单、受自然环境影响小、效率和输送容量高、便于长距离电能输送等特点。

组件与组件之间的串联电缆、组串之间及其组串至直流配电箱(汇流箱)之间的并联电缆和直流配电箱至逆变器之间电缆均为直流电缆,一般户外敷设较多,需防潮、防暴晒、耐寒耐热、抗紫外线,在某些特殊情况下还需防酸碱等化学物质。

2) 按绝缘材料划分

高压电力电缆包含绕包型油纸绝缘电缆和挤包型塑料绝缘电缆两大类。

图 5.5－1　直流聚合物
电缆截面图

油纸绝缘电力电缆以油浸纸作为绝缘,其应用历史最长。它安全可靠,使用寿命长,价格低廉,主要缺点是敷设受落差限制。塑料绝缘电力电缆是绝缘层为挤压聚合物塑料的电力电缆,常用的聚合物塑料有聚氯乙烯、聚乙烯、交联聚乙烯。塑料电缆结构简单,制造加工方便,重量轻,敷设安装方便,不受敷设落差限制,因此广泛应用作中低压电缆,并有取代黏性浸渍油纸电缆的趋势。其最大缺点是空间电荷积聚问题会导致分子链位移、断裂等,形成绝缘缺陷,进而引发电树枝,从而导致击穿现象,这限制了它在更高电压下的使用。图 5.5－1 为某种直流聚合物电缆截面图。

3) 按电压等级划分

按电压等级划分电力电缆大致可分为以下几类:

(1) 低压电缆:固定敷设在交流 50 Hz、额定电压 3 kV 及以下的输配电线路上作为输送电能用。

(2) 中低压电缆:额定电压 35 kV 及以下,有聚氯乙烯绝缘电缆、聚乙烯绝缘电缆、交联聚乙烯绝缘电缆等。

(3) 高压电缆:额定电压 110～220 kV,有聚乙烯电缆和交联聚乙烯绝缘电缆等。

(4) 超高压电缆:额定电压 275～800 kV。

(5) 特高压电缆:额定电压 1 000 kV 及以上。

5.5.2　电力电缆的接头

电力电缆的接头是连接两根电缆的重要元件,如图 5.5－2 和图 5.5－3 所示。电气设备中常常采用不同介质材料组成复合绝缘结构,例如聚合物绝缘直流电缆附件(中间接头和终端)的主绝缘和增强绝缘采用不同性质的介质材料。电缆的本体绝缘材料为交联聚乙烯(cross-linked polyethylene, XLPE),接头的增强绝缘材料为乙丙橡胶(ethylene propylene rubber, EPR)、硅橡胶(silicone rubber, SR),往往由于两种绝缘材料的电导率和介电常数不匹配而积聚大量电荷,成为整个电缆系统的故障高发部位。

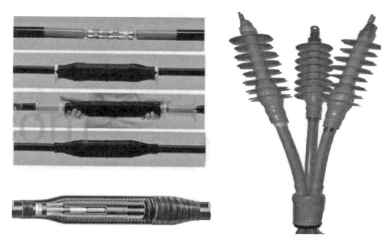

图 5.5 - 2　电缆接头

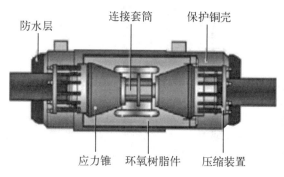

防水层　连接套筒　保护铜壳

应力锥　环氧树脂件　压缩装置

图 5.5 - 3　电缆接头的基本结构

1）电缆头的基本要求

（1）线芯连接。连接电阻小而且连接稳定，能经受起故障电流的冲击，长期运行后其接触电阻不应大于电缆线芯本体同长度电阻的 1.2 倍。

（2）绝缘性能。绝缘性能不低于电缆本体，所用绝缘材料的介质损耗要低，在结构上对电缆附件中电场的突变能完善处理，有改变电场分布的措施。

2）电缆接头电场分布

（1）电缆内部电场分布。电缆内部的电场只有从导线沿半径向屏蔽线的电场线，没有芯线轴向的电场线，电场分布是均匀的。

（2）电缆终端电场分布。电缆屏蔽层切开后，在屏蔽端口将产生电场线集中现象，电场在端口处不但有垂直分量，而且出现切向分量，如图 5.5 - 4 所示。

3）电缆端口处电应力控制方法

电应力控制就是采取适当的措施，使端口处电场分布处于最佳状态，从而提高电缆附件运行的可靠性和使用寿命。

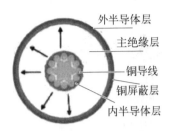

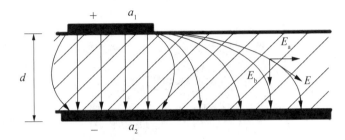

图 5.5 - 4　电缆终端处电场分布

（1）几何形状法。一般采用应力锥优化电场分布。应力锥将屏蔽层的切断处进行延伸，使零电位形成喇叭状，从而改善电场分布，如图 5.5 - 5 所示。

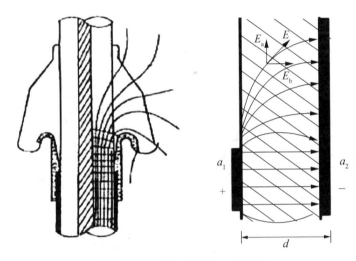

图 5.5 - 5　几何形状法电场分布

（2）参数控制法。应控管是通过采用高介电常数绝缘材料（ε＞20），从而优化端口处电场分布。

4）中低压电缆附件的主要分类

（1）热收缩附件。

采用应控管（参数控制法）可以处理电应力集中问题，其显著优点在于安装方便、价格便宜。使用过程中应注意以下问题：① 硅脂填充，消除气隙；② 应力管与绝缘屏蔽搭接不少于 20 mm，防止应力管收缩与绝缘屏蔽脱离；③ 热收缩附件因弹性较小，运行中热胀冷缩时可能使界面产生气隙，因此应注意密封，防止潮气浸入。

（2）预制式附件。

预制式附件一般采用应力锥（几何形状法）处理电应力集中问题，其显著优点：材料弹性好，改善界面性能，无须加热即可安装。同时其缺点却也存在，即对电缆外径尺寸要求高，过盈量通常在 2～5 mm，过盈量小，容易出现爬电故障；过盈量大，安装困难。故而预制式接头使用时应注意以下问题：① 附件尺寸与待安装电缆尺寸配合要符合规定的要求；② 安装时采用硅脂润滑界面,既便于安装又能填充界面气隙。

(3) 冷缩式附件。

冷缩式附件是采用应力锥或应控管处理电应力集中问题,与预制式附件相比效果更优,缺点是对电缆外径尺寸要求高,过盈量通常为 2～5 mm,过盈量小,容易出现爬电故障;过盈量大,安装困难。同时,冷缩式附件同样存在需要解决与预制式附件相同的关键技术问题。

冷缩式附件产品从扩张状况还可分为工厂扩张式和现场扩张式两种。

5.5.3　油纸绝缘电缆

油纸绝缘电缆的绝缘层是以一定宽度的电缆纸螺旋状地包绕在导电线芯上,经过真空干燥处理后用浸渍剂浸渍而成。其浸渍剂黏度较高,在电缆工作温度范围内不易流动,但在浸渍温度下具有较低黏度,可保证良好浸渍黏性。浸渍剂一般由光亮油和松香混合而成(光亮油占 65%～70%,松香占 30%～35%)。不少国家采用合成树脂(如聚异丁烯)代替松香,与光亮油混合成低压电缆浸渍剂。

油纸绝缘电缆按结构可分为带绝缘型(统包型)与分相屏蔽(铅包)型。带绝缘型电缆是每根导电线芯上包绕一定厚度的纸绝缘(相绝缘)层,然后 3 根绝缘线芯绞合在一起再统包一层绝缘层(带绝缘),其外共用一个金属护套。分相屏蔽型电缆即在每根绝缘线芯外包绕屏蔽并挤包铅套。带绝缘型省材料,但绝缘层中电场强度方向不垂直纸面,有沿纸面的分量,所以一般只用于 10 kV 以下的电缆。分相屏蔽型绝缘中电场强度方向垂直于纸面,多用于 10 kV 以上电缆。油纸绝缘电缆的浸渍剂虽然黏度很大,但它仍有一定的流动性。当敷设落差较大时,电缆上端因浸渍剂下流而形成空隙,击穿强度下降,而下端浸渍剂淤积,压力增大,可以胀毁电缆护套。因此它的敷设落差受到限制,一般不得大于 30 m。

根据浸渍剂的黏度和加压方式,油纸绝缘电缆可细分为 6 种,分别为滴干纸绝缘、黏性浸渍纸绝缘电缆、不滴流纸绝缘、充油电缆、充气电缆和管道充气电缆。在此简要介绍充油电缆,其余种类不再赘述。

充油电缆是利用补充浸渍剂的方法消除电缆中的气隙。当电缆温度升高时,浸渍剂膨胀,电缆内部压力增加,浸渍剂流入供油箱;电缆冷却时浸渍剂收缩,电缆内部压力降低,供油箱内浸渍剂又流入电缆,防止了气隙的产生,故可以用于 110 kV 及以上线路。它的结构分两类:一类是自容式充油电缆,浸渍剂是低黏度矿物油或十二烷基苯,导电线芯中有空心油道,浸渍剂可以通过它及时补充进绝缘或流入油箱;另一类是钢管充油电缆,浸渍剂是黏度稍高的聚丁烯油,导电线芯是实心的,3 根绝缘线芯一并置于无缝钢管内,管内充以高压力(一般约为 1.5 MPa,即 15 个大气压)的浸渍剂,钢管与电缆之间的空间即为供油道,并与供油系统相连。它具有优良的电性能和机械保护,但耗油量大,接头较复杂,不宜于高落差敷设。

5.5.4　挤包绝缘电缆

近年来,挤包绝缘高压直流电缆在材料研究、加工工艺和工程应用方面均取得了明显的进展,特别在不利于开展高压架空输电线路建设的海洋输电领域起了重要作用。目前应用最为广泛的挤包绝缘高压直流电缆的绝缘类型为交联聚乙烯(cross linked polyethylene,XLPE),此外将聚丙烯(polypropylene,PP)等热塑性材料应用于挤包绝缘高压直流电缆的研究也取得了显著成果。

XLPE 绝缘电缆相较于油纸绝缘电缆具有生产工艺简单、成本较低、输送容量大、维护保养便捷等优势,早在 20 世纪 70 年代便开始应用于高压交流电缆,如图 5.5-6 所示。近年来,随着新型 XLPE 材料的突破和柔性直流输电技术的发展,挤包绝缘高压直流电缆成为直流输电领域研究的热点,在高压直流输电工程中到了广泛应用。典型挤包绝缘高压直流电缆结构如图 5.5-7 所示。

图 5.5-6　交联聚乙烯电缆

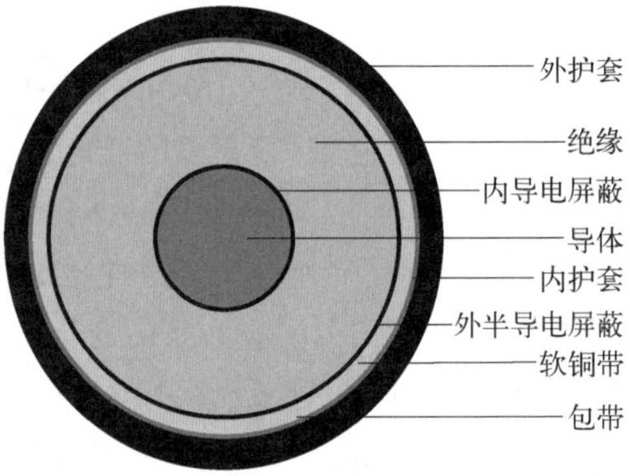

图 5.5-7　典型挤包绝缘高压直流电缆结构示意图

外护套
绝缘
内导电屏蔽
导体
内护套
外半导电屏蔽
软铜带
包带

国际范围内对于挤包绝缘高压直流电缆的研究重点为调控绝缘材料的空间电荷特性,现阶段的主要方向包括提高材料纯净度和通过纳米颗粒改性两个。纳米颗粒改性对于解决绝缘中的空间电荷积累效果更好,但是纳米掺杂后长时间挤出加工问题尚未完全解决,因此商业化应用中挤包绝缘高压直流电缆目前主要采用提高绝缘材料纯净度来降低空间电荷的影响。在直流场作用下,电场按电导率分布,而绝缘材料的直流电导率与温度和电场强度相关。高压直流电缆运行过程中自然产生的温度梯度将导致电缆绝缘的电导率发生变化,进而引起电场分布发生变化,考虑到电场强度对电导率的影响,电场分布将进一步发生变化,严重时电缆绝缘层内部甚至出现电场"反转"。

目前高压直流绝缘聚乙烯绝缘材料研究现状主要基于以下几个层面:

(1)纳米掺杂改性聚合物绝缘材料。合适的纳米掺杂能够明显降低聚乙烯材料电导率的温度系数,一定程度上解决了高压直流电缆运行过程中由于温度梯度造成的"电场反转"

问题。此外,纳米颗粒的添加能抑制空间电荷积聚,改善电场畸变情况。

(2)共混改性聚乙烯绝缘材料。环保型电缆采用热塑性电缆绝缘材料,不仅满足环保可回收的要求,而且生产过程不需要交联处理,可降低生产过程中的污染和能耗,避免交联、脱气等复杂的生产步骤及交联过程带来的杂质,展现出了很好的发展前景。

(3)化学改性聚乙烯绝缘材料。化学改性主要是基于电压稳定剂改性聚乙烯绝缘材料,目前已有文献报道的电压稳定剂的种类有很多,如二茂铁、多环化合物(萘、蒽及其衍生物)、二苯甲酮衍生物、酚类和硫类抗氧剂等。

(4)超纯净的聚乙烯绝缘料。绝缘材料中的杂质会引起电缆绝缘中局部电场畸变倍增,是导致高压直流电缆绝缘电气性能降低的主要因素之一,也是绝缘材料质量的重要指标。基于纳米掺杂、绝缘材料共混和添加电压稳定剂抑制空间电荷、提高聚乙烯绝缘材料性能,都是在超纯净聚乙烯基料的基础上进行的。研发符合高压直流电缆绝缘材料技术标准的超纯净聚乙烯基料是高压直流电缆绝缘材料研究的首要问题。

为了进一步提高挤包绝缘高压直流电缆传输容量,在现有基础上研究稳定提高电缆最高允许工作温度的方法,可明显降低单位容量的输电线路造价。在解决 XLPE 因副产物造成的加工周期长、不易于回收利用等问题时,开发例如 PP 等适用于高压直流电缆的热塑性绝缘材料有重要意义。

5.6 旋 转 电 机

旋转电机(electric rotating machinery,见图 5.6-1)的种类很多,按其作用可分为发电机和电动机,按电压性质分为直流电机与交流电机,按其结构分为同步电机和异步电机。其中,直流电机按结构及工作原理可划分为无刷直流电动机和有刷直流电动机,按照励磁方式可划分为串励直流电动机、并励直流电动机、他励直流电动机和复励直流电动机。永磁直流电动机可划分为稀土永磁直流电动机、铁氧体永磁直流电动机和铝镍钴

图 5.6-1 旋转电机

永磁直流电动机。交流电机还可划分为单相电机和三相电机。异步电动机按相数不同,可分为三相异步电动机和单相异步电动机;按其转子结构不同,又分为笼型和绕线转子型,其中笼型三相异步电动机因其结构简单、制造方便、价格便宜、运行可靠,在各种电动机应用最广、需求量最大。

旋转电机的基本原理是能量守恒原理,这条原理的含义为在质量不变的物理系统内

能量总是守恒的,即能量既不会凭空产生,也不会凭空消灭,而仅能变换其存在形式。在传统的旋转电机机电系统中,机械系统是原动机(对发电机来讲)或生产机械(对电动机来讲),电系统是用电的负载或电源,旋转电机把电系统和机械系统联系在一起。旋转电机内部在进行能量转换的过程中,主要存在着电能、机械能、磁场储能和热能四种形态的能量。在能量转换过程中会产生损耗,即电阻损耗、机械损耗、铁芯损耗及附加损耗等。

发热和冷却是所有电机的共同问题。对旋转电机来说,损耗消耗使其全部转化为热量,引起电机发热,温度升高,影响电机的出力,使其效率降低。电机损耗与温升的问题提供了研究与开发新型旋转电磁装置的思路,即将电能、机械能、磁场储能和热能构成新的旋转电机机电系统,使该系统不输出机械能或电能,而是利用电磁理论和旋转电机中损耗与温升的概念,将输入的能量(电能、风能、水能、其他机械能等)完全、充分、有效地转换为热能,即将输入的能量全部作为"损耗"转化为有效热能输出。

旋转电机的基本结构如图 5.6 - 2 所示。

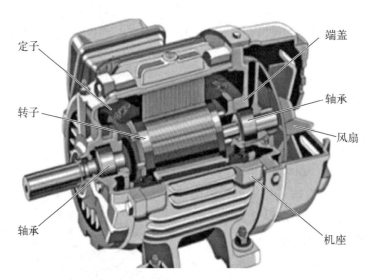

图 5.6 - 2　电机基本结构图

电机由于增加了旋转部分,其结构更复杂,部件类型也更多,任一部件的故障均可能导致电机失效。首先,旋转电机对所用材料的机械强度要求较高,而电气强度和机械强度的要求之间常存在矛盾,绝缘材料常是电机所用材料中机械强度最脆弱的部件,因机械力而造成的损伤会使绝缘材料的性能劣化。其次,电机的散热条件不如变压器,材料受温度的影响更大,高温下,材料的绝缘性能会迅速下降。最后,由于电机不是完全密封型设备,运行时除了受温度、湿度、机械应力的作用外,还会受外界环境污染等影响。

旋转电机发生故障的原因较多,类型较多,现归纳其典型故障如下:转子本体故障(各类电机)、转子绕组故障(发电机和异步电动机)、冷却水系统故障、定子端部线圈故障、定子绕组股线故障(发电机)、绕组绝缘故障、定子铁芯故障等。

旋转电机的放电往往会成为威胁电机安全运行的重大隐患,而电机中的放电可分为三种类型:电机绝缘内部放电、端部放电和槽部放电。电机放电可发生在绝缘层中间、绝缘与线棒导体间、制造或运行过程中产生的气隙气泡等位置。对于大型发电机,端部是绝缘事故的高发区。在诸多导致电机事故的因素中,定子绕组端部放电故障占很大比重,主要由于在电机运行时,定子铁芯的振动会导致线棒固定部件(如槽楔、垫条)的松动和防晕层的损坏;线棒和铁芯接触点过热造成的应力作用,也会破坏线棒防晕层。

5.7　GIS 与高压开关设备

气体绝缘组合电器(gas insulated substation,GIS)是以 SF_6 作绝缘介质的气体绝缘金属封闭开关设备,它把变电站里除变压器外的各种电气设备,包括断路器、隔离开关、接地开关、电压互感器、电流互感器、母线(三相或单相)、连接管和过渡元件(电缆头、空气套管、油套管)等全部组装在一个金属外壳内,并充 SF_6 气体作为绝缘和灭弧介质。GIS 由于具有占地空间小、运行可靠性高、检修周期长、运输安装方便等优点,自 20 世纪 60 年代起,在国内外得到广泛应用。典型 GIS 结构如图 5.7 - 1 所示。

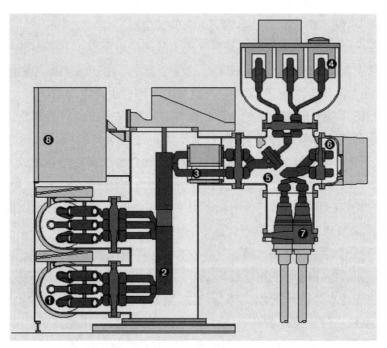

1—母线及隔离开关/接地开关组合;2—断路器;3—电流互感器;4—电压互感器;
5—线路隔离开关及接地开关;6—安全接地开关;7—电缆接头;8—控制柜。

图 5.7 - 1　GIS 结构图

与常规敞开式电气设备相比,GIS设备主要优点如下。

(1)节省土地及空间资源。以110 kV GIS设备为例,其所用面积仅为空气绝缘设备的50%左右,更适合应用于土地资源稀缺的城市地区。

(2)密封性好,环境友好。由于GIS设备为全密封设计,其较空气绝缘设备具有更好的防污防潮等性能,是一个相对独立的空间。除此之外,其外壳可以对周围产生的电磁辐射、干扰电场起到很好的屏蔽作用。

(3)绝缘性能好,可靠性高。SF_6气体具有远优于空气的绝缘性能和灭弧性能,对于断路器等灭弧装置还可以起到很好的灭弧作用,其稳定安全,减小了事故发生概率。

(4)安装快捷简便。由于设计为组合设备,其安装等工作所需的人力、物力、财力均大为减轻,同时便于检修。

高压开关设备在电力系统中具有非常重要的地位,它的主要功能是控制和保护电力系统,同时也可以根据运行指令完成对电力线路和设备的退出和投入,也能够切除系统中的故障,保证其他设备正常运行。假如高压开关设备自身出现了故障,就会对电力系统带来不可估量的损失。

我们比较熟悉的高压开关设备一般包括高压断路器、高压负荷开关、高压熔断器、高压隔离开关及高压开关柜等。高压断路器作为保护和控制电力系统的重要设备,有完成切除或者投入运行的指令功能,同时能够快速地切除发生故障的设备或者线路。假如它自身出现了故障,就难以有效地保护电力系统,从而会发生严重的事故。因此需要对高压断路器定期进行故障诊断。高压隔离开关是电网安全运行的关键器件,在电网中大量使用,是应用最为广泛的一种设备,其工作状况直接影响到电网的安全稳定性。

作为电力系统中接通和断开回路、切除和隔离故障的重要保护与控制装置,封闭高压开关设备的健康状况直接影响着电力系统运行的安全稳定。由于该类设备密闭性好,体积有限,所以其温升发热问题逐渐突出,发生过热故障的可能性也随之增加。

现阶段各GIS厂家对隔离开关的动作状态判定依靠的是一种间接判断,即通过操作机构指示针或指示灯判断刀闸是否运动到位,而不能直接观察到操作机构动作的具体情况。在判定过程中,不良的隔离开关操作机构转动和传动部件材质将直接导致误判,甚至可能导致严重的电力安全事故。大多数指示牌装设在机构箱内部,安装难度大;而对于安装位置较高的情况,更增加了观察的难度,当合闸指示牌发生倾斜时便难以区分操作机构是否到位。如图5.7-2所示为隔离开关采用指示针标定动作状态的实例。

随着微电子技术、嵌入式技术、网络通信技术及计算机控制技术的不断发展,数字化、智能化的测量和监测装置在电网控制领域得到了广泛应用,为状态检修的实现提供了前提条件。通过在开关设备本体植入智能传感器,对断路器的各类运行状态进行实时监控,在安全、可靠、方便运维、一体化设计前提下,建立以主设备、传感器、采集及智能分析单元构成的智能开关设备,并与物联管理和高级应用形成高效的云边协同体系,采用一二次融合、大数据、人工智能等新技术使其具备状态自我感知、实时诊断、主动预警和主辅联动等功能,真正实现开关设备的智能化,提供丰富的状态信息,为断路器的健康状况分析和状态检修提供基础,

图 5.7‑2 采用指示针标定动作状态

将原始信息转化为可用的设备健康状态信息,为建立断路器状态的综合诊断模型提供基础。

高压开关设备本体状态信息监测系统架构如图 5.7‑3 所示,分为四个层级:感知层、网络层、平台层、应用层。以安全为前提,有效实用为原则,综合考虑开关设备的重要性、经济性以及各种在线监测技术的成熟度和运行经验,高压开关设备本体状态监测系统选取断路器绝缘特性监测、机械特性监测、环境辅助信息监测、局部放电监测以及隔离开关位置确认分析共 5 项主体功能模块,如图 5.7‑4 所示。

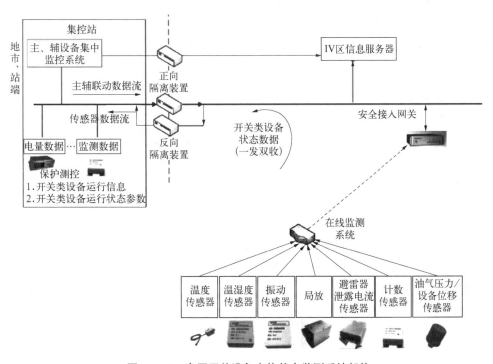

图 5.7‑3 高压开关设备本体状态监测系统架构

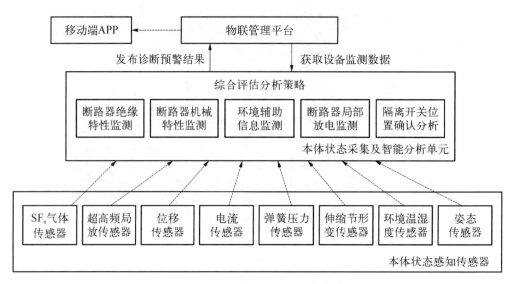

图 5.7-4　本体状态监测功能模块

5.8　储能技术与装备

由于化石燃料对环境的影响越来越受到关注,国家和工程师越来越多地将注意力转向储能解决方案,比如提出了"碳达峰、碳中和"政策。储能可以帮助解决太阳能和风能的间歇性问题,在许多情况下,它还可以对需求的巨大波动做出快速响应,从而使电网更具响应能力,并减少建设备用发电厂的需求。储能设施的有效性取决于其对需求变化的反应速度、储能过程中的能量损失率、总储能能力以及充电速度。

化石燃料是最常用的能源形式,部分是由于它们的可运输性和存储形式的实用性高,这使得发电机可以对其所提供的能量进行大量控制。相反,太阳能和风能产生的能量是间歇性的,并且取决于天气和季节。随着可再生能源在电网上地位的日益突出,人们对存储清洁能源的系统越来越感兴趣。

能量存储方式多种多样,各有优点和缺点,表 5.8-1 总结了主要的大容量储能技术。

表 5.8-1　主要的大容量储能技术

储能方式	额定功率/MW	放电时间	最大周期或寿命	能量密度/(W·h/L)	效率/%
抽水	3 000	4~16 h	30~60 年	0.2~2	70~85
压缩空气	1 000	2~30 h	20~40 年	2~6	40~70

续　表

储能方式	额定功率/MW	放电时间	最大周期或寿命	能量密度/($W \cdot h/L$)	效率/%
锂离子电池	100	1 min～8 h	10^3～10^4次	200～400	85～95
铅酸电池	100	1 min～8 h	6～40 年	50～80	80～90
液流电池	100	数小时	1.2～1.4×10^4次	20～70	60～85
氢	100	数分钟至数天	5～30 年	600	25～45
飞轮	20	数秒至数分钟	2×10^4～10^5次	20～80	70～95

(1) 抽水蓄能电站。抽水蓄能设施是利用重力产生电能的大型储能厂。在低成本能源时期和高可再生能源发电时期,水被抽到较高的高度进行存储。当需要电力时,水被释放回下部水池,通过涡轮机发电。

(2) 压缩空气储能。通过压缩空气存储,在电价较低的非高峰时段,空气被泵入地下洞(比如盐洞)。当需要能量时(如电网负荷高峰期),释放压缩空气推动汽轮机发电。压缩空气储能仅使用天然气就能使设施的能源输出增加三倍。当保留来自气压的热量时,压缩空气储能可以实现高达 70% 的能源效率,否则效率为 42%～55%。

(3) 锂离子电池。锂离子电池最初由索尼在 20 世纪 90 年代初商业化生产,最初主要用于小型消费品,例如手机。近来,它们已被用于更大的电池存储和电动车辆。假设其循环寿命为 10～15 年,2017 年底,电动汽车用锂离子电池组的成本已降至 209 美元/千瓦时。彭博新能源财经预测,到 2025 年,锂离子电池的成本将低于 100 美元/千瓦时。迄今为止,锂离子电池是最流行的电池存储选项,它控制着全球 90% 以上的电网电池存储市场。与其他类型电池相比,锂离子电池具有较高的能量密度和较轻的重量。

(4) 铅酸电池。铅酸电池是用于能量存储的首批电池技术之一。但是由于它们的低能量密度以及短周期寿命,因此在电网储能中不受欢迎。它们通常用于电动汽车等领域,但最近已被寿命更长的锂离子电池所取代。

(5) 液流电池。液流电池是锂离子电池的替代品。比起锂离子电池,液流电池不那么受欢迎,仅占电池市场的 5%,但液流电池已用于多个储能项目,这些项目需要更长的储能时间。液流电池的能量密度相对较低,使用寿命长,这使其非常适合提供连续功率。

(6) 氢燃料电池。氢燃料电池通过将氢和氧结合而发电,具有许多吸引人的特性:可靠、安静(没有活动部件)、占地面积小、能量密度高,并且不排放任何污染物(使用纯氢运行时,仅有的副产品是水)。该过程也可以颠倒过来,使其可用于能量存储:电解水会产生氧气和氢气。因此,燃料电池设施可以在电力便宜时产生氢气,然后在需要时使用该氢气发电(在大多数情况下,氢气在一个位置产生,而在另一个位置使用)。氢气也可以通过重整沼

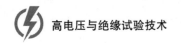

气、乙醇或碳氢化合物来生产,这是一种较便宜的方法,会排放碳污染。

(7)飞轮储能。飞轮不适用于长期的能量存储,但对于负载均衡和负载转移应用非常有效。飞轮以其长寿命、高能量密度、低维护成本和快速响应速度著称。电动机通过非常高速度(高达 50 000 r/min)的自旋来将能量存储到飞轮中。电机随后可以使用存储的动能通过反转来发电。飞轮通常处于真空状态,以最大限度地减少空气摩擦,保持飞轮的速度。

第6章

高电压与绝缘综合教学实验

高电压试验是整个高电压与绝缘技术的重要组成部分。无论是在高电压理论研究中，还是在工程实际中，高电压试验工作都占有非常重要的地位。以当今高电压技术应用最为广泛的电力系统为例，每个设备在定型、出厂、安装调试时，必须进行相应的高电压试验。同时，用于高电压试验的各种设备在制造、维修等过程中也必须进行高电压试验。因而，高电压试验能力的培养是学习和掌握高电压与绝缘技术的重要环节。

根据高电压与绝缘技术专业的教学要求，本章介绍 7 个实验，分别是绝缘电阻和泄漏电流测量实验、电容量及介质损耗因数测量实验、固体绝缘空间电荷测量实验、电树枝与局部放电测量实验、提前放电（early streamer emission，ESE)避雷针提前放电时间评估实验、高压开关柜质量评估实验和高压电源发生装置数值仿真实验。实验内容涵盖高电压与绝缘技术绝大部分领域，既有高压电源发生装置，又有高压电气设备；既有宏观的电气绝缘性能测试，又有微观的电学性质研究；既有实际操作，又有虚拟仿真。其中，绝缘电阻和泄漏电流测量实验介绍通过三电极系统测量绝缘材料绝缘电阻、泄漏电流及极化曲线的方法；电容量及介质损耗因数测量实验介绍通过高压电桥测量绝缘材料介质损耗因数和电容量的方法；固体绝缘空间电荷测量实验介绍一种测量固体绝缘空间电荷的基本方法——电声脉冲法；电树枝与局部放电测量实验介绍一种测量局部放电的基本方法——脉冲电流法；ESE 避雷针提前放电时间评估实验介绍一种通过模拟自然雷击测量避雷针提前放电时间的方法；高压开关柜质量评估实验通过一系列试验来综合判断高压开关柜的质量；高压电源发生装置数值仿真实验介绍如何使用 MATLAB Simulink 软件对典型高电压试验设备进行仿真。

6.1 实验基本要求及安全注意事项

6.1.1 实验基本要求

参加高电压与绝缘教学实验的同学应根据实验任务拟定实验大纲，选择所需仪器设备仪表，确定实验步骤，测取所需数据，并进行分析研究，得出必要结论，完成实验报告。现按

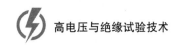

照实验进程提出下列基本要求。

1）实验前的准备

高电压实验具有一定的危险性，参加实验的同学必须严格遵守实验规程，认真做好实验前的准备工作。

实验前应认真阅读实验指导书，明确实验目的，了解实验内容、基本原理、实验方法、实验步骤以及实验过程中应注意的问题。有些内容可到实验室对照实物预习。最后应按照实验内容，预先画好实验接线图和原始数据记录表格。

经指导教师检查认为同学们确实做好了实验前的准备，方可开始进行实验。

认真做好实验前的准备工作，对于培养同学们的独立工作能力、保障实验质量和提高实验效率非常重要。就高电压实验本身而言，实验前认真准备对于保证实验安全也是非常重要的。

2）实验的进行

（1）建立小组，合理分工。每次实验以小组为单位进行，每组由 3～5 人组成，推选组长 1 人。组长负责组织实验的进行。全组人员务必在实验过程中协调配合、安全操作。

（2）熟悉设备，选择仪表。实验时应首先熟悉所用的实验设备，选用必要的测量仪表。记录所用设备和仪表的技术规格、型号和实验时的大气条件。

（3）按图接线，力求安全。根据实验内容，按图接线。接线应力求简洁、可靠，高压接线要注意安全距离。高电压实验的放电回路应自成回路，保证一点接地，不允许接地网中通过放电电流，以避免接地网电位升高，造成人身和设备事故。

（4）接线完毕，须经检查。实验回路接线完毕后，须经指导教师检查，取得认可后方可合上电源，进行各项实验。实验中若出现异常情况，应及时报告，待查清原因后，方可恢复实验。

（5）按照计划，完成实验。预习时对实验内容和实验结果应做好理论分析，并预测实验结果的大致趋势。正式实验时，根据预习计划完成实验。实验结束后，应将实验结果交指导教师审阅，取得认可后方可拆除接线，并清理实验场地、归还仪表与工具等。

3）实验报告

完成实验后，应根据实验的目的、内容、实测数据和在实验中的注意事项、观察到的现象、发现的问题等，经过整理、分析讨论得出结论，做出实验报告。

实验报告应简明扼要，叙述严谨，结论明确，图表整洁清晰，采用统一的实验报告格式编制。报告内容应包括如下内容：

（1）实验名称。

（2）实验目的。

（3）实验设备。实验设备宜编制表格列出。

（4）实验原理。简明介绍实验中所用的实验方法和基本原理。

（5）实验内容。实验内容应按实际所进行的实验一一列出。

（6）数据整理和计算。记录数据的表格上需说明实验条件。经计算所得的数据应列出计算公式。实验结果绘制曲线时，应选择适当比例，用合适的软件画出。曲线连接应平滑，曲线上和坐标轴上的点应标示清楚，不在曲线上的点仍应按实际数据标出。

（7）结论。根据实验结果进行计算分析，最后得出实验结论。

4）关于教学实验的几点注意事项

（1）教学实验有两个最主要的任务，一是巩固和加深理解课程中所学到的理论知识，二是学习掌握实际试验技能，包括工程实际中常用的试验方法、常用的仪器设备以及仪器设备的操作使用方法。通过教学实验，可以训练培养同学们良好的试验能力和试验习惯，为同学们将来从事各种实际试验工作打下一定的基础。

（2）实验报告的完成是整个教学实验过程中的一个重要环节，应该认真对待。实验报告的书写不是实验过程的"流水账"，不应简单地把实验数据罗列起来了事，而应该努力地锻炼自己依据所学的专业知识，从实验数据和实验现象中综合分析实验结果、寻求结论的能力。

（3）实验报告应该如实地反映本次实验的真实情况，包括实验内容、实验电路、实验数据和实验现象等。

（4）作为一份提供给他人阅读的实验报告，应该充分注重报告的可读性。实验报告最基本的要求是叙述清楚、条理清晰、要点明确、交代明白、不易产生歧义。报告中的数据（包括图表中的数据）应该说明清楚，例如，列出的电压值是有效值还是峰值、是交流电压还是直流电压等，培养叙述严谨的科研习惯。数据的单位通常也应习惯性地换算为国际单位制单位。

6.1.2　安全注意事项

任何人进入高电压实验室进行实验，必须严格遵守下列安全制度，否则可能引起人身危险或设备损坏。如因不遵守本制度而发生意外事故，责任人将承担全部后果。除此之外，实验室还将按规定追究责任人的经济责任。

（1）实验人员在实验前必须先参加"实验室安全教育培训"，熟悉高电压试验安全制度。

（2）实验室内应保持整洁，禁止做与实验无关的事情，禁止穿拖鞋、背心进入，禁止吸烟、随地吐痰、乱丢杂物。

（3）实验前应检查仪器设备，发现问题及时报告实验室教师，按编组入座，不得擅自调换座位或挪用他组仪器和用品。未经同意不得私自拆卸、改动实验室中任何设备和仪器。

（4）任何时候，在接触实验设备的高压部分之前，必须检查电源是否已切断，可能带电的部分（如电容器等）是否已可靠接地。检查无误后，方可进行接线等操作。

（5）同学进行实验必须经指导教师检查，取得认可后方可施加电压。加压时，加压人必须发出加压信号，不得让任何人留在遮栏内。

（6）实验过程中要进入遮栏或改变接线时，必须先切断高压设备的电源。

（7）进入遮栏后，首先使用接地棒将设备放电，并将接地棒牢靠地挂接在设备上面，方可接触高电压设备。

（8）实验结束后，关闭设备电源，并挂上接地棒将设备进行充分放电。等放电完毕后，拆除接线,归还仪器、工具等,并将实验场地打扫干净。

（9）实验中若发生事故,应立即切断电源,并采取相应安全措施,并及时报告实验室教师予以检查处理。

（10）实验室内不用的电容器,应该使用导线牢靠短接并接地。

（11）实验室高空作业由实验室专人负责,其他任何人严禁攀登。

（12）实验室总电源由实验室专人负责操作,其他任何人严禁操作。

（13）实验室的安保消防设备由实验室专人保管并定期检查,任何人不得随意搬动。

6.2 绝缘电阻和泄漏电流测量实验

6.2.1 实验目的

（1）了解绝缘电阻和泄漏电流测量的原理及影响因素。

（2）掌握绝缘介质材料绝缘电阻、泄漏电流及极化曲线的测量方法。

（3）在理论分析与实验测量相结合的基础上,深化对绝缘介质极化过程的理解。

6.2.2 实验设备

实验设备采用电导测试系统,该系统由电导测试电极、高压直流电源、数字电流表、相关附件以及测试软件组成,如表 6.2-1 所示。

表 6.2-1 实验设备一览表

序号	名　　称	型号、规格	数　量
1	电导测试电极	耐压 10 kV,0～90℃	1
2	高压直流电源	5 mV～1 000 V	1
3	数字电流表	Keithley 6517B	1
4	附件	电源线和信号传输线等	若干
5	测试软件	High Field Conduction Measurement System V2.0	1

1）电导测试电极

电导测试电极如图 6.2-1 所示,其详细参数如下。

（1）测试类型:体积电阻率和体积电导率。

（2）电极结构:三电极系统,参照 GB/T 1410 和 IEC60093。

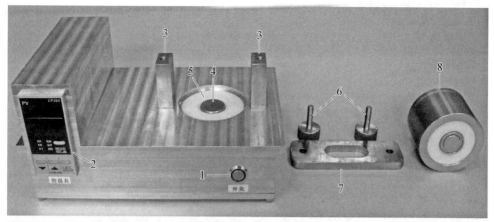

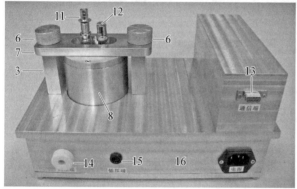 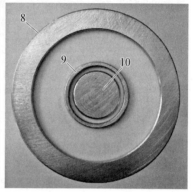

1—开关：测试仪温度控制系统开关；2—温控仪：控制试样温度，其中 SV 为设定温度，PV 为实际温度；3—电极支柱：支撑上电极；4—高压电极：测量电极之一，连接直流电源输出的高压端；5—试样槽：待测试样放置处；6—固定旋钮：固定上电极；7—固定压片：固定上电极；8—上电极：包含保护电极 9 和测量电极 10；9—保护电极：消除高压测量时试样表面的沿面电流干扰；10—测量电极：和 Keithley 电流表相连；11—电流 BNC 端：与测量电极相连；12—短路帽：与保护电极相连，使其直接与测试仪金属盒体相连接；13—通信端：通过 RS485－USB 通信线与电脑相连，实现自动控温；14—高压端：与高压直流电源的高压端相连，从而使高压电极 4 带直流电压；15—低压端：与高压直流电源的低压端相连，从而使高压电源和电流表电流测量的低端相连；16—电源插座：接 AC 220 V。

图 6.2－1　电导测试电极

（3）电极参数：两套独立电极。高压极、测量极、保护极各为

Φ10 mm 型：Φ18 mm、Φ10 mm、Φ14 mm 内—Φ18 mm 外；

Φ20 mm 型：Φ28 mm、Φ20 mm、Φ24 mm 内—Φ28 mm 外。

（4）试样要求：最小尺寸为

Φ10 mm 型：Φ38 mm；

Φ20 mm 型：Φ48 mm。

（5）电极耐压：直流 10 kV。

（6）测试温度：室温至 90℃，稳定时间 10 min，控温精度±2℃。

2）高压直流电源

高压直流电源如图 6.2－2 所示，其详细参数如下。

（1）KE-1 kV 型：5 mV～1 000 V，步进 5 mV。

（2）NI-10 kV 型：1 000 V～10 000 V，连续可调。

1—电源开关：高压直流源系统开关；2—高压开关：控制高压电源开关；3—短路放电指示：试样测试回路放电时，指示灯亮；4—极化电流指示：试样测试回路加压时，指示灯亮；5—紧急开关：加压过程中，出现紧急情况时，用于中断高压直流输出；6—高压端：直流电源 NI-10 kV 输出的高压端；7—低压端：直流电源 NI-10 kV 输出的低压端；8—接地端：必须和地相连，以保证高压安全输出和人身安全；9—风扇：设备降温用；10—通信端：USB 端口，通过通信线与电脑相连，实现高压输出自动控制；11—计算电源：计算电源的备用端口；12—电源插座：接 AC 220 V。

图 6.2 - 2　高压直流电源

3）数字电流表

Keithley 6517B 型数字电流表如图 6.2 - 3 所示，其详细参数如下。

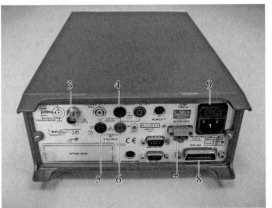

1—电源开关：电流表系统开关；2—高压指示灯：KE-1 kV 高压输出时亮；3—电流输入端：测量时需采用 TRX-BNC 转接头和测试回路相连接；4—COMMON 端：电流测量公共端，为保证测量精度，必须接地；5—低压端：直流电源 KE-1 kV 输出的低压端；6—高压端：直流电源 KE-1 kV 输出的高压端；7—闭锁端：此端为高压输出的闭锁保护，不加时无高压输出；8—GPIB 通信端：通过 KUSB-488B 模块与电脑通信，实现控制和电流采集；9—电源插座：接 AC 220 V。

图 6.2 - 3　Keithley 6517B 型数字电流表

（1）电流测量范围：1 fA～20 mA。

（2）最小电流量程输入压降：小于 20 μV。

(3) 输入阻抗：200 TΩ。

(4) 偏置电流：小于 3 fA。

(5) 采样速率：425 rdgs/s。

(6) 噪声：0.75 fA p-p。

4) 附件

KUSB-488B 通信模块如图 6.2-4 所示。

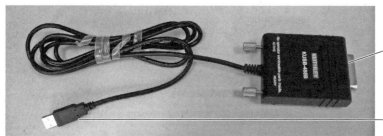

488端口，连接Keithley表

A型USB端口，连接USB集线器

图 6.2-4　KUSB-488B 通信模块

RS485-USB 通信模块如图 6.2-5 所示。

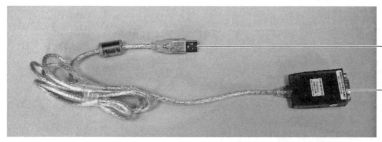

A型USB端口，连接USB集线器

485端口，连接电导测试仪

图 6.2-5　RS485-USB 通信模块

USB 通信线如图 6.2-6 所示。

A型USB端口，连接USB集线器

B型USB端口，连接高压电源

图 6.2-6　USB 通信线

USB 集线器如图 6.2-7 所示。

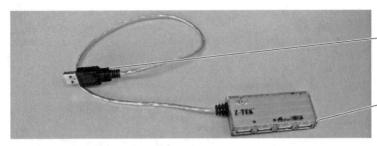

A型USB端口，连接电脑

连接附件1、2、3的A型USB端

图 6.2-7　USB 集线器

电流测量套件如图 6.2-8 所示。

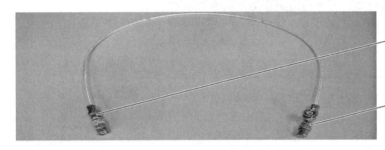

TRX-BNC转换器，连接
Keithley表电流测量端

电流保护器，连接上电极电流
测量端

图 6.2-8　电流测量套件

高压导线如图 6.2-9 所示。

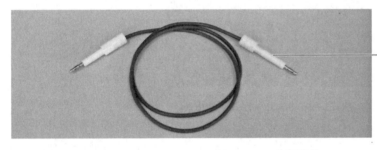

一端接高压源高压端，一端接
电导测试仪高压端

图 6.2-9　高压导线

低压导线如图 6.2-10 所示。

一端接高压源低压端，一端接
电导测试仪低压端

图 6.2-10　低压导线

接地线如图 6.2 - 11 所示。

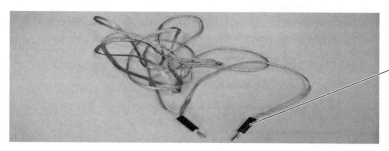

连接直流高压源和Keithley电流表的COMMON端

图 6.2 - 11　接地线

5）测试软件

测试软件为 High Field Conduction Measurement System V2.0,其具有如下特点：设置简便,可一键运行;直流高压、温度实时控制;微电流自动采集;测量结果自动保存。

6.2.3　实验原理

绝缘是电气设备中用于分割不同电位导体的部件。当电气设备在长期工作过程中,绝缘材料可能受到电场应力、热应力、化学应力以及环境应力等的作用而发生绝缘的老化过程,导致丧失承受工作电场或者过电压电场等的能力。另外,电气设备在运行过程中,绝缘会吸收或吸附周围环境中的水分,或者绝缘在长期老化过程由化学反应而产生水分子,有些也可能发生在电气设备的绝缘介质内部。此外,电气设备在运行过程中,环境中的污秽等可能沉积在绝缘表面,与环境中的水分共同作用而导致绝缘表面的绝缘性能丧失。通过测量绝缘电阻或者泄漏电流,能够在一定程度上反映绝缘的老化和受潮或者表面污秽程度。

电气设备在生产制造、运输安装以及运行中,有可能在绝缘中产生微孔或杂质等缺陷。当为电气设备施加一个较高直流电场时,测量流过电气设备绝缘中的电流,此电流即为泄漏电流。在测量泄漏电流的过程中,有些潜在的微孔或杂质在较高直流电场下可能发生微弱放电,从而产生脉冲电流,并叠加在泄漏电流上;或者由于电气设备的受潮和劣化,而导致泄漏电流随时间的变化与绝缘良好的有很大的差异。通过这些差异性可以判断电气设备中是否存在潜在放电缺陷,或者是否存在受潮等状况,因此泄漏电流是电气设备运行中绝缘状态评估的一个重要参数。

由于绝缘电阻与被测试品的尺寸参数密切相关,为了能够比较绝缘材料的性能,一般将绝缘材料制成特定规格的样品,用于测量绝缘电阻和表面电阻,并且根据试品的尺寸规格计算绝缘材料的体积电阻率和表面电阻率。

绝缘电阻和泄漏电流的测量原理相同,如图 6.2 - 12 所示。

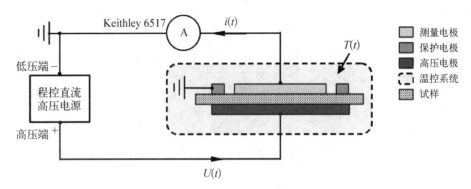

图 6.2‒12　实验原理图

在电压的作用下,绝缘介质中会有微弱的电流流过。流过绝缘介质的总电流 i 可以分解成三种电流分量:泄漏电流 i_1、吸收电流 i_2 和电容电流 i_3,如图 6.2‒13(a)所示。其中,泄漏电流 i_1 是由绝缘介质的电阻 R 引起的纯阻性电流,不随时间而改变;吸收电流 i_2 是由绝缘介质内部电荷重新分配产生的阻容性电流,按指数规律衰减;电容电流 i_3 是由绝缘介质的电容 C 引起的纯容性电流,按指数规律衰减。

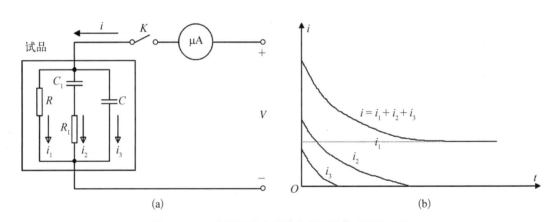

图 6.2‒13　绝缘介质在直流电压下的电路图及电流
(a) 不均匀绝缘介质在直流电压下的电路图;(b) 直流电压下流过不均匀介质的电流

总电流 $i=i_1+i_2+i_3$ 随时间变化的曲线通常称为吸收曲线,如图 6.2‒13(b)所示。由图 6.2‒13(b)我们可以看出,电容电流 i_3 和吸收电流 i_2 经过一段时间后趋近于 0,因此总电流 i 趋近于泄漏电流 i_1;电容电流 i_3 衰减时间常数比吸收电流 i_2 时间常数小,衰减速度较快。

6.2.4　实验内容

在实验之前,需要准备相应的测试样片。本次实验的测试样片有两种材料,分别是环氧树脂和聚乙烯。首先,根据实验选取的电极大小,将两种材料的所有样片剪裁成合适大小的样片。其次,将每种材料的样片分成两部分,一部分收入密封袋保存;另一部分浸入室温下的水槽中,浸润时间为 24 h,然后取出,用干布将样片表面擦干后收入密封袋保存。

1) 测量环氧树脂样片(干燥)的极化曲线

如图 6.2 - 12 所示,在温度为 25℃、电场强度为 5 kV/mm 的工况下,使用电导测试系统测量环氧树脂样片(干燥)的极化曲线。具体操作步骤如下。

(1) 系统开机准备工作。

① 高压电源通信:用通信线将 NI - 10 kV 型电源的 USB 通信端与 USB 集线器相连。

② Keithley 表通信:用 KUSB - 488B 通信模块将 Keithley 表 GPIB 端与 USB 集线器相连。

③ 电导测试仪通信:用 RS485 - USB 通信模块将电导测试仪的 RS485 端与 USB 集线器相连。

④ USB 集线器连接:将 USB 集线器与计算机 USB 2.0 端相连。

⑤ 软件运行:运行软件 C:\Program Files\HFC\HFC Measurement System V2.0。如果上述连接没完成,或者连接不可靠,软件打开后会有相应的报警提示,之后软件将自动关闭。

⑥ 电流测量回路:上电极接好短路帽,并用电流测量套件与 Keithley 电流测量端连接。

⑦ 高压电源回路:根据测试电场选择直流高压电源,并将电源高压端和低压端与电导测试仪相对应端连接。

(2) 选定测量所需的电极类型(Φ10 mm 型或 Φ20 mm 型),并将电极清洗干净,如用极性液体清理,则需要短路静置一小时,以消除表面极化效应。

(3) 将长方形样片根据电极大小剪裁成圆形样片,其中 Φ10 mm 型电极所需试样最小尺寸为 Φ38 mm;Φ20 mm 型电极所需最小尺寸为 Φ48 mm。

(4) 用测厚仪测量试样厚度,并输入软件参数设置项中。

(5) 先将试样放置在高压电极上,注意试样边沿离高压电极边沿的距离应足够大,以防高压时发生沿面放电;之后盖好上电极,并安放固定压片,用固定旋钮固定。

(6) 软件运行。

① 文件设置:选择保存路径和文件名。

② 设备设置:选择电极系统项(Φ10 mm 型或 Φ20 mm 型),此项运行后不能更改,若设置错误,将显示错误的分析参数;选择高压电源项,其中 KE - 1 kV 型电源输出 5 mV~1 000 V,NI - 10 kV 型电源输出 1 000~10000 V;选择电流量程,必须遵守先大再小、逐渐缩小的原则。

③ 参数设置:设置测量电场、厚度、测试温度、稳温时间、极化时间和短路时间。

④ 开始测量：单击该键后，步进键变为"测试 or 中止？"，电导测试仪开始升温，达到设置温度后进入稳温状态，稳温时间完成后弹出图 6.2 - 14(a)提示，确认后再单击"测试 or 中止？"，则弹出图 6.2 - 14(b)提示。确认开始加压测量，则单击"测量"；若要退出，则单击"中止"。

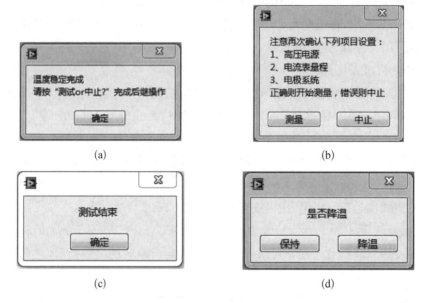

(a)   (b)

(c)   (d)

图 6.2 - 14　软件提示框图

⑤ "测量"：单击后系统开始加压极化和电流测量，在升压过程中步进键变为"测量 or 降压？"，电场达到设定值后步进键变为"结束极化？"，测量示例如图 6.2 - 15 所示。设定的极化时间完成后，步进键变为"结束短路？"，并开始短路放电。完成设置的短路时间后，测量数据自动保存(见图 6.2 - 16)，系统弹出如图 6.2 - 14(c)所示的提示，显示测试结束，确认后再弹出如图 6.2 - 14(d)所示的提示，询问是否保持温度，可根据测试需要选择。另外，单击步进键可实现降压、中止短路等功能，可根据实测情况操作。

⑥ "中止"：系统恢复到等测状态，步进键变为"…"。

(7) 实验完毕后保存好实验数据，关闭系统电源，将样片取出。

(8) 注意事项。

① 所加直流电压等级应与被测试样的耐压水平相适应，以避免被测试样发生绝缘击穿。

② 开机时，必须先将 Keithley 电流表、高压源和电导测试仪的通信线接到 USB 集线器上，后接到电脑 USB 2.0 端口，否则打开软件运行时无法控制设备。

③ Keithley 电流表、高压源和电导测试仪必须可靠接地。

④ 开始测量前，必须选定测试电极 Φ10 mm 型或 Φ20 mm 型，否则将显示错误的分析参数。

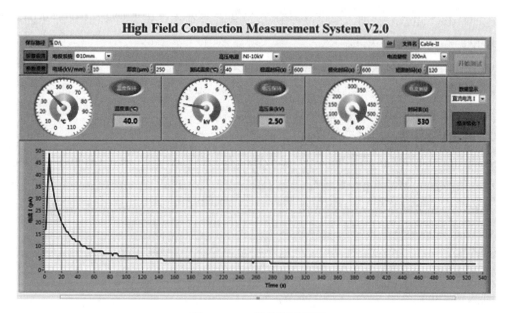

图 6.2 – 15　软件测试界面

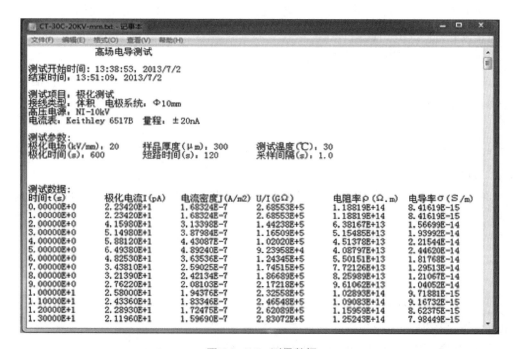

图 6.2 – 16　测量数据

⑤ 测量样片厚度时,在样片中心位置附近选取至少 3 个测量点,用测厚仪测量后取平均值。

⑥ 放置的样片,必须满足试样的最小尺寸要求,否则高场时会发生沿面放电,影响测试和设备安全。

⑦ Keithley 电流表在加压测量过程中,电流量程必须遵守先大再小、逐渐缩小的原则,否则将出现烧表,破坏表内部结构。

⑧ 更换样片时,必须先拔出高压源高压端,以防意外触电。

⑨ 对同一试样进行不同电场下的测试,应遵循先低压后高压的原则,并且开始测试前均应先短路放电,以减小前一次加压时的历史极化影响。

2) 测量环氧树脂样片(受潮)的极化曲线

如图 6.2-12 所示,在温度为 25℃、电场强度为 5 kV/mm 的工况下,使用电导测试系统测量环氧树脂样片(受潮)的极化曲线。

具体操作步骤参照 6.2.4 节第 1 小节。

3) 测量聚乙烯样片(干燥)的极化曲线

如图 6.2-12 所示,在温度为 25℃、电场强度为 5 kV/mm 的工况下,使用电导测试系统测量聚乙烯样片(干燥)的极化曲线。

具体操作步骤参照 6.2.4 节第 1 小节。

4) 测量聚乙烯样片(受潮)的极化曲线

如图 6.2-12 所示,在温度为 25℃、电场强度为 5 kV/mm 的工况下,使用电导测试系统测量聚乙烯样片(受潮)的极化曲线。

具体操作步骤参照 6.2.4 节第 1 小节。

6.2.5 实验报告要求

(1) 绘制环氧树脂样片(干燥)、环氧树脂样片(受潮)、聚乙烯样片(干燥)和聚乙烯样片(受潮)的极化曲线图,并分析其特征。

(2) 根据下式计算环氧树脂样片(干燥)、环氧树脂样片(受潮)、聚乙烯样片(干燥)和聚乙烯样片(受潮)的绝缘电阻率:

$$\rho = \frac{E}{J_1 - J_0}$$

式中,J_0 为外加电场为 0 时的准稳态电流密度,单位为 A/m^2;J_1 为外加电场为 E 时的准稳态电流密度,单位为 A/m^2;E 为电场强度,单位为 V/m。

准稳态电流密度为极化阶段最后 50 s 的电流密度平均值(极化电流趋于稳定)。

(3) 解答实验指导书中的思考题。

6.2.6 思考题

(1) 什么是吸收比? 什么是极化指数?

（2）测试环境对试样的绝缘电阻率有何影响？为什么？

（3）样片厚度对试样的绝缘电阻率有何影响？为什么？

（4）绝缘电阻测量的优点和缺点都有哪些？

6.3　电容量及介质损耗因数测量实验

6.3.1　实验目的

（1）了解介质损耗因数和电容量测量的原理及影响因素。

（2）了解介质损耗因数和介电常数对于绝缘介质介电性能的意义。

（3）掌握绝缘材料介质损耗因数和电容量的测量方法。

（4）在理论分析与实验测量相结合的基础上，深化对介质损耗因数和介电常数的理解。

（5）通过实验学习把介质损耗因数和介电常数应用到产品质量的综合判断中，锻炼实际运用课堂知识的能力。

6.3.2　实验设备

实验设备采用高压电桥测试系统，该系统由高精密高压电容电桥、高压电源及测温控温仪和固体绝缘材料测试电极组成，如表 6.3 - 1 所示。

表 6.3 - 1　实验设备一览表

序号	名　　称	型号、规格	数　量
1	高精密高压电容电桥	QS86	1
2	高压电源及测温控温仪	0～10 kV，0～90℃	1
3	固体绝缘材料测试电极	RY2	1

1）高精密高压电容电桥

高精密高压电容电桥如图 6.3 - 1 所示，其详细参数如下：

（1）电桥电容比 C_x/C_s 为 0 到 1.111 110，步级 0.000 001。当 $\tan\delta < 3 \times 10^{-3}$ 时，电容比率值的测量不确定度为 $\pm 5 \times 10^{-5}$；当 $\tan\delta \geqslant 3 \times 10^{-3}$ 时，电容比率值的测量不确定度为 $\pm 5 \times 10^{-5} \pm 5 \times 10^{-3} \times \tan\delta_x$。

（2）电桥 $\tan\delta$ 范围为 $-0.999\ 999 \sim 0.999\ 999$，步级为 0.000 001。$\tan\delta_x$ 测量不确定度不大于 $\pm 5 \times 10^{-3} \times \tan\delta_x \pm 5 \times 10^{-5}$。

（3）电桥标准臂最大允许电流为 15 mA。

（4）电桥内有过电压保护措施，氖泡起辉电压不超过交流 30 V。

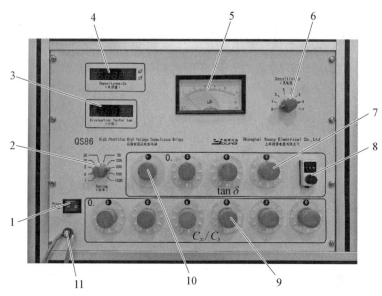

1—桥体电源开关：按下接通电源，红灯亮；2—C_x 倍率转换开关（K）：共有十挡量程；3—被测试品介质损耗显示窗；4—被测试品电容量显示窗；5—指零仪表头：平衡时表针指零，使用时不要使表头指针超满偏，以免损坏。在测量接线完毕后，缓慢升起电压，如接线的屏蔽、接地良好，那么指零仪的灵敏的开关在零位时，指针指示也应该为零。通过此可检查屏蔽和接地是否良好，如发现指针与试验电压一起在升高，必须马上切断高压，检查测量回路接线，倍率开关位置是否合适；6—灵敏度转换开关：共有 7 挡，调节平衡时逐渐增大灵敏度，直到所需要的读数分辨率为止；7—损耗角正切 tanδ 平衡调节盘；8—损耗角正切 tanδ 平衡调节电位器；9—电容比率调节平衡盘（C_x/C_s）：共 6 位读数，平衡后直读电容比率值；10—介质损耗角正切值 tanδ "＋""－"选择开关：当被测 tanδ 大于标准 tanδ 时置于"＋"；当被测 tanδ 小于标准 tanδ 或测电抗器时置于"－"；11—接地端。

图 6.3‐1　高精密高压电容电桥

2）高压电源及测温控温仪

高压电源及测温控温仪如图 6.3‐2 所示，其详细参数如下：输出电压为 AC 0～10 kV，不确定度为 ±3％；设备容量为 500 VA；工作电压为 AC(220±10)％V。

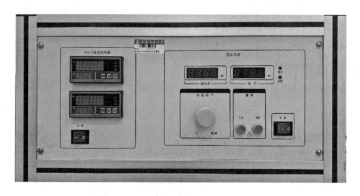

图 6.3‐2　高压电源及测温控温仪

3) 固体绝缘材料测试电极

固体绝缘材料测试电极如图 6.3 - 3 所示,高压电极安装于有足够刚度的底盘上,带屏蔽的测量电极安装于液压缸的定杆上,可用压力调节旋钮自由升降。高压电极和测量电极内部安装有加热装置和测量传感器,并通过连接线和安装底盘相连。配套的测温控温仪可控制所需的温度。电极另外还配有抽气接口,可通过真空泵对系统抽气。其详细参数如下:

（1）正常工作条件为环境温度 $+5 \sim +40℃$,相对湿度不大于 80%。

（2）电极材料为不锈钢,高压电极为 98 mm（表面积为 $75.43 \mathrm{cm}^2$）,测量电极直径为 Φ50 mm（表面积为 $19.6 \mathrm{cm}^2$）,电极间距不大于 5 mm,电极加热功

图 6.3 - 3　固体绝缘材料测试电极

率大于 2×500 W,电极最高温度为 180℃,电极压力为 $0 \sim 1.0$ MPa,最大测量电压为 AC 2 000 V,电极可抽真空至 3×10^{-2} MPa。

6.3.3　实验原理

绝缘介质在交变电场的作用下,由于介质电导、介质极化效应和局部放电在其内部引起的有功损耗称为介质损耗,也称介质损失,简称介损。在交变电场作用下,绝缘介质内流过的电流相量 I 和电压相量 U 之间的夹角 φ（功率因数角）的余角 δ 称为介质损耗角,简称介损角。在交变电场作用下,绝缘介质中的有功分量和无功分量的比值称为介质损耗因数。

如图 6.3 - 4 所示

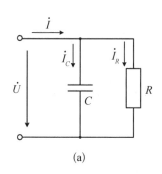

(a)

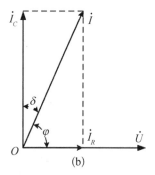

(b)

图 6.3 - 4　绝缘介质 RC 并联等效电路和相量图

（a）绝缘介质的 RC 并联等效电路;（b）相量图

$$\text{介质损耗因数} = \frac{\text{绝缘介质的有功功率 } P}{\text{绝缘介质的无功功率 } Q} = \frac{UI\cos\varphi}{UI\sin\varphi} = \frac{UI\sin\delta}{UI\cos\delta} = \tan\delta \quad (6.3-1)$$

绝缘介质在交变电场下的介质损耗为

$$P = UI_R = UI_C\tan\delta = \omega CU^2\tan\delta \quad (6.3-2)$$

由式(6.3-2)可以看出,介质损耗的大小可以用介质损耗因数 $\tan\delta$ 来衡量。

一般采用高压交流电源及高压电桥(配有标准电容器)来测量介质损耗因数 $\tan\delta$。在测得介质损耗因数 $\tan\delta$ 的同时,也能得到被试品的电容量。

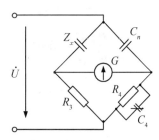

Z_x—被试品的等效阻抗;
C_n—标准电容器;R_3—可调
无感电阻;C_4—可调无感电
容器。

图 6.3-5 西林电桥原理图

根据工作原理不同,高压电桥可分为两大类:阻抗比电桥(西林电桥)和电流比较型电桥。

西林电桥的工作原理如图 6.3-5 所示。当电桥平衡时,$I_G = 0$ 应满足:$Z_xZ_4 = Z_nZ_3$,即

$$\left(\frac{1}{R_4R_x} - \omega^2C_4C_x\right) + j\left(\frac{\omega C_4}{R_x} + \frac{\omega C_x}{R_4}\right) = j\frac{\omega C_n}{R_3} \quad (6.3-3)$$

公式左右实部/虚部相等,整理可得

$$\frac{1}{\omega R_xC_x} = \omega R_4C_4 \quad (6.3-4)$$

介质损耗因数

$$\tan\delta = \frac{1}{\omega R_xC_x} = \omega R_4C_4 = 2\pi fR_4C_4 \quad (6.3-5)$$

电容值

$$C_x = \frac{C_nR_4}{R_3} \cdot \frac{1}{1+\tan^2\delta} \approx \frac{C_nR_4}{R_3} \quad (6.3-6)$$

电流比较型电桥的工作原理如图 6.3-6 所示。当电桥平衡时,$I_i = 0$ 应满足 $I_xN_1 = I_NN_2 + I_4N_4 + I_3N_3$,即

$$U_{\text{test}}(j\omega C_x + G_x)N_1 = U_{\text{test}}j\omega C_N(N_2 + \alpha RG_1N_4 - j\beta RG_2N_3) \quad (6.3-7)$$

整理后可得

$$G_xN_1 + j\omega C_xN_1 = \beta RG_2N_3\omega C_n + j\omega C_n(N_2 + \alpha RG_1N_4) \quad (6.3-8)$$

式(6.3-8)左右实部/虚部相等,且令 $RG_1N_4 = 1$,$N_2 = N_3$ 整理可得下列各量:

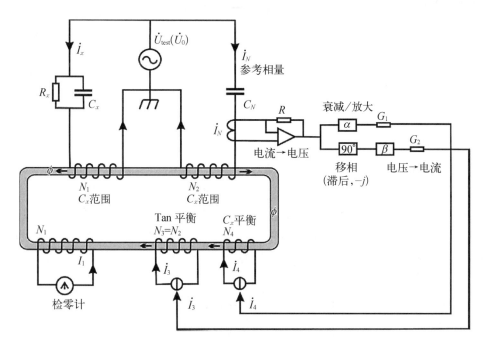

图 6.3 - 6 电流比较型电桥原理图

介质损耗因数

$$\tan\delta = \frac{G_x}{\omega C_x} = \frac{\beta R G_2}{1 + \dfrac{\alpha}{N_2}}\qquad(6.3-9)$$

电容值

$$C_x = \frac{N_2 + \alpha}{N_1} C_n \qquad(6.3-10)$$

相对介电常数 ε_r 是同一电极结构中,电极周围充满介质时的电容 C_x 与周围是真空时的电容 C_0 之比,即

$$\varepsilon_r = \frac{C_x}{C_0}\qquad(6.3-11)$$

若电极为平行板电极,则

$$C_0 = \frac{\varepsilon_0 A}{t}\qquad(6.3-12)$$

式中,A 为电极面积,单位为 $\mathrm{m^2}$;t 为电极间距离,单位为 m;$\varepsilon_0 = \dfrac{1}{36\pi} \times 10^{-9}$,单位为 F/m。

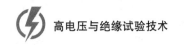

将式(6.3-11)代入式(6.3-12)后可得

$$\varepsilon_r = \frac{0.036\pi t C_x}{A} \qquad (6.3-13)$$

由此可见,测量相对介电常数 ε_r 实际上是测量电容量 C_x 及相关的电极、试品尺寸。

6.3.4 实验内容

在实验之前,需要准备相应的测试样片。本次实验的测试样片有两种材料,分别是聚乙烯和聚四氟乙烯。首先,根据实验选取的电极大小,将两种材料的所有样片剪裁成合适大小的样片。其次,将每种材料的样片分成两部分,一部分收入密封袋保存;另一部分浸入室温下的水槽中,浸润时间为 24 h,然后取出,用干布将样片表面擦干后收入密封袋保存。

1) 测量聚乙烯样片(干燥)的电容量和介质损耗因数

在温度为 25℃、施加交流电压 0.5 kV 的工况下,使用高压电桥测试系统测量聚乙烯样片(干燥)的电容量和介质损耗因数。具体操作步骤如下。

(1) 用测厚仪测试样片的厚度,并记录数值。

(2) 将样片放入固体绝缘材料测试电极中,并调节压力旋钮,使上下电极压力达到 0.3 MPa。

(3) 打开高压电源及测温控温仪的电源,将温度设置为 25℃,按下启动按钮,调节输出电压到 0.5 kV。

(4) 打开高精密高压电容电桥的电源,将灵敏度旋钮调到 1 挡,不断调节电容量倍率旋钮,使检流计的指针尽量接近 0。

(5) 逐步调节灵敏度旋钮,从 1 挡到 7 挡,每升高一挡,都需要不断调节电容量倍率旋钮及 $\tan\delta$ 调节旋钮,使检流计的指针尽量接近 0。

(6) 当灵敏度旋钮在 7 挡、检流计的指针为 0 时,记录此时电容量数值及介质损耗因数值,然后将调节灵敏度旋钮到 0,并将所有旋钮归零,关闭高精密高压电容电桥的电源。

(7) 将输出电压降到 0,按下复位按钮,关闭高压电源及测温控温仪的电源。

(8) 调节压力旋钮,打开固体绝缘材料测试电极,取出样片。

(9) 注意事项:① 在实验前,高压电桥及测试接地电极必须可靠接地。② 高压电桥灵敏度开关必须回零位,否则在实验时电桥会发生过大的不平衡,造成指零仪的指针严重偏转而损坏。③ 测量样片厚度时,在样片中心位置附近选取至少 3 个测量点,用测厚仪测量后取平均值。④ 所加交流电压应与被测试样的耐压水平相适应,以避免被测试样发生击穿或闪络造成仪器损坏。

2）测量聚乙烯样片（受潮）的电容量和介质损耗因数

在温度为 25℃、施加交流电压 0.5 kV 的工况下，使用高压电桥测试系统测量聚乙烯样片（受潮）的电容量和介质损耗因数。

具体操作步骤参照 6.3.4 节第 1 小节。

3）测量聚四氟乙烯样片（干燥）的电容量和介质损耗因数

在温度为 25℃、施加交流电压 0.5 kV 的工况下，使用高压电桥测试系统测量聚四氟乙烯样片（干燥）的电容量和介质损耗因数。

具体操作步骤参照 6.3.4 节第 1 小节。

4）测量聚四氟乙烯样本（受潮）的电容量和介质损耗因数

在温度为 25℃、施加交流电压 0.5 kV 的工况下，使用高压电桥测试系统测量聚四氟乙烯样片（受潮）的电容量和介质损耗因数。

具体操作步骤参照 6.3.4 节第 1 小节。

6.3.5　实验报告要求

计算聚乙烯样片（干燥）、聚乙烯样片（受潮）、聚四氟乙烯样片（干燥）和聚四氟乙烯样片（受潮）的相对介电常数。

6.3.6　思考题

(1) 相对介电常数与什么因素有关？请具体阐述。

(2) 介质损耗因数与什么因素有关？请具体阐述。

(3) 受潮样片与干燥样片的相对介电常数与介质损耗角正切值存在较大差异，请分析造成差异的原因。

(4) 介质损耗因数测量的优缺点有哪些？

6.4　固体绝缘空间电荷测量实验

6.4.1　实验目的

(1) 了解固体绝缘空间电荷的产生机理。

(2) 掌握固体绝缘空间电荷的测试方法（电声脉冲法）。

(3) 在理论分析与实验测试相结合的基础上，深化对固体绝缘空间电荷的理解。

6.4.2 实验设备

实验设备采用电声脉冲法测试系统,该系统由空间电荷测试仪、PEA 测试控制器、数显高压电源、数字示波器及各种软件组成,如表 6.4 - 1 所示。

表 6.4 - 1 实验设备一览表

序号	名 称	型号、规格	数 量
1	空间电荷测试仪	—	1
2	PEA 测试控制器	—	1
3	数显高压电源	HD60 - 1.0	1
4	数字示波器	DPO3032	1
5	数据采集软件	PEA Scan System V8.3	1
6	信号处理软件	PEA Scan Signal Analysis V5.0	1

图 6.4 - 1 空间电荷测试仪

1) 空间电荷测试仪

空间电荷测试仪如图 6.4 - 1 所示,其详细参数如下:

(1) 高压电极:耦合激励脉冲,耐压 20 kV。

(2) 信号耦合和传感模块:提供 3 μs 以上的脉冲时延,空间电荷灵敏度为 0.2 C/m^3,空间分辨率为 20 μm。

(3) 阻抗匹配模块:带宽大于 800 MHz。

(4) 高精密前置放大器:带宽为 1 kHz ~ 500 MHz,63 dB。

(5) 相位补偿模块:带宽为 500 MHz。

(6) 液体连接头:腔体内配有两个液体导通接头,可扩散测量液体介质。

2) PEA 测试控制器

PEA 测试控制器如图 6.4 - 2 所示,其详细参数如下:

(1) 高压窄脉冲发生器:脉冲输出程序控制,脉冲幅值为 0 ~ 1 kV,脉冲宽度不大于 10 ns,脉冲频率为 50 Hz。

图 6.4 - 2　PEA 测试控制器

（2）数显高压电源控制器：控制直流高压电源输出，输出幅值由程序根据试样厚度和测量电场确定。

（3）附件：液体转接头、电源线和信号传输线若干。

3）数显高压电源

数显高压电源如图 6.4 - 3 所示，型号为 HD 60 - 1.0，其详细参数如下：输出电压为 0～+60 kV；最大输出电流为 1 mA。

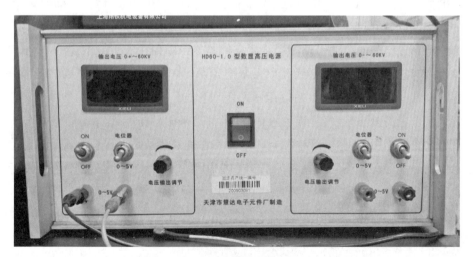

图 6.4 - 3　数显高压电源

4）数字示波器

数字示波器如图 6.4 - 4 所示，其详细参数如下：型号为 DPO3032；带宽为 300 MHz；采样速率为 2.5 GS/s。

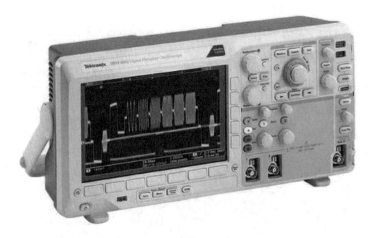

图 6.4－4　数字示波器

6.4.3　实验原理

固体绝缘中空间电荷的来源以及形成机制比较复杂。从电气设备绝缘中空间电荷的来源来说,大致可以分为两类:一是在高电场下,通过电极向绝缘中注入电子或者空穴,被缺陷捕获形成空间电荷;二是绝缘中的杂质在热的作用下发生解离,形成离子,同时离子又可能与周围的电子或者空穴发生复合,恢复到中性状态,当存在电场作用时,杂质解离的概率大于复合的概率,并且在电场作用下,这些离子会发生迁移,在迁移过程中,部分离子也可能被附近的缺陷捕获,形成空间电荷。

固体绝缘形成空间电荷的另外一个必要条件是绝缘中存在宏观或微观的缺陷。宏观缺陷是指绝缘中存在宏观界面,包括微孔以及复合绝缘等,即介电参数不连续的区域;而微观缺陷是指材料在分子结构层面,存在电荷中心不对称的部分,如极性的端基和侧链,以及在固体材料表面向着另外一相(气体或者液体侧)延伸出来的悬挂键等。

从上面的分析来看,固体绝缘中的空间电荷不管是来源还是形成机制都非常复杂,但是固体绝缘中的空间电荷对于介质材料的研究和应用至关重要,所以空间电荷的测量与表征技术的研究起步较早且得到了不断发展。目前,用于介质中空间电荷测试的主要方法有三种:热学方法、激光压力波法和电声脉冲法。然而,针对介质内部空间电荷分布的动态响应监测,则主要通过基于电声脉冲法(pulsed electro-acoustic,PEA)或压力波法(pressure wave propagation,PWP)的测试系统获得。

PEA 测试技术主要由 Takada 和 Li 等提出并发展,是一种非常可靠并且重复性较高的方法,能直观地监测介质内部空间电荷的动态响应过程。PWP 测试技术是由 Laurenceau和 Lewiner 等倡导的,也可监测介质内部空间电荷分布。由于 PEA 结构简单,对硬件要件较低,因此,从 PEA 法提出至今,其测试系统硬件结构和测试方法不断得到改进且日臻成熟。

PEA 法的原理如图 6.4-5 所示,对固体绝缘施加一个重复的电脉冲,该脉冲电场与固体绝缘电极界面以及内部的空间电荷发生作用,产生超声频率范围的机械振动。该机械振动被超声传感器所接收,经过阻抗匹配电路模块、前置放大器以及其他信号调理和放大电路后,由示波器采集和显示。这些数据经过数字信号滤波模块、信号衰减恢复模块、色散恢复模块以及反卷积模块等的处理后,可得到真实的空间电荷分布。

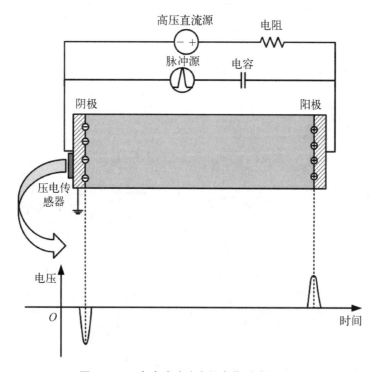

图 6.4-5　电声脉冲法空间电荷测试原理图

PEA 法的系统接线如图 6.4-6 所示。如果测量正极性电场下的空间电荷,则打开正极性电压的控制开关,关闭负极性电压的控制开关,并将正极性电压输出线通过限流电阻接到高压电极上;如果测量负极性电场下的空间电荷,则打开负极性电压的控制开关,关闭正极性电压的控制开关,并将负极性电压输出线通过限流电阻接到高压电极上。限流电阻用 1 个阻值为 50 MΩ、额定电压 30 kV 的高压电阻。高压电源、高压控制器和脉冲电源必须可靠接地。

PEA 法所用数据采集软件界面如图 6.4-7 所示。通过空间电荷的测量,可以获得聚合物内部一些参数的基本信息,如不同电场和温度场下的载流子极性、载流子迁移率和陷阱深度。载流子的极性是空间不同位置净电荷的极性,并且对电场梯度非常敏感,而这些信息是基于空间信息平均值的外部电流法和表面电位法等全域技术所无法获得的。通过与其他测试技术的结合,如松弛电流、电致发光测试,可获得介质内部电荷迁移、复合的详细信息,从而有效地研究介质内部电荷的输运机理。

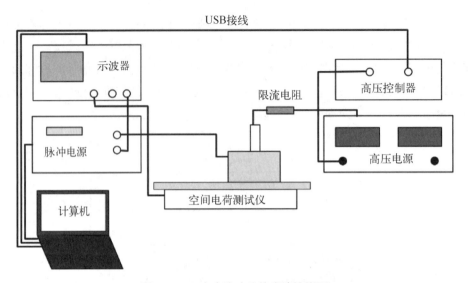

图 6.4 - 6　电声脉冲法的系统接线图

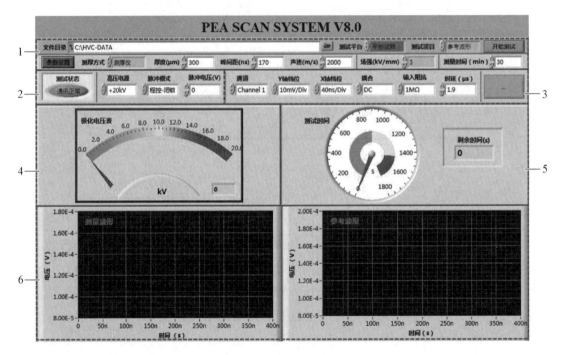

1—实验参数设置栏;2—高压源和脉冲源设置栏;3—示波器设置栏;4—极化电压表;
5—测试时间显示表;6—波形显示窗。

图 6.4 - 7　数据采集软件界面

6.4.4　实验内容

在实验之前,需要准备相应的测试样片。本次实验的测试样片所用材料是聚乙烯。首先,根据实验选取的电极大小,将样片剪裁成合适大小的样片。其次,将样片分成两部分,一部分收入密封袋保存;另一部分浸入室温下的水槽中,浸润时间为 24 h,然后取出,用干布将样片表面擦干后收入密封袋保存。

1) 测量聚乙烯样片(干燥)的空间电荷分布

使用电声脉冲法测试系统测量聚乙烯样片(干燥)的空间电荷分布。具体操作步骤如下。

(1) 用测厚仪测试样片的厚度,并记录数值。

(2) 在空间电荷测试仪的铝电极表面中心处滴少许硅油,放上样品并使其和电极紧密接触。

(3) 将聚乙烯垫片放在样品上面,在中间的圆孔中滴少许硅油。

(4) 将半导电电极放在聚乙烯垫片中间的圆孔中并压紧。

(5) 将高压电极放上去,对中放好后放上固定压件,用两颗铜质的旋钮旋紧固定。样品、半导电电极和高压电极在放置的时候一定要注意对中、压紧,以保证测试信号的真实性!

(6) 依照接线图可靠接线。

(7) 开机必须严格遵守以下次序:打开测试用计算机和示波器→打开数据采集软件→打开空间电荷测试仪→打开脉冲源和高压源。由于空间电荷测试仪中的前置放大器不能空载,所以开机时必须先开示波器,后开测试仪。

(8) 单击"文件路径"选择按钮,在弹出的文件夹窗口中选择要保存的文件路径,单击"当前文件夹"。此处严禁在文件名框中输入文件名。

(9) 单击"测试平台"按钮,选择当前使用的测试平台"平板试样"或"电缆试样",单击"测试项目"按钮,选择要进行的测试项目。

(10) 单击"测厚方式"按钮,在下拉菜单中选择"测厚仪"方式,并且输入事先用测厚仪测的样品厚度,单位为 μm;设置"测试场强"和"测试时间"。

(11) 设置高压源和脉冲源的参数。根据接线时选用的高压电源选择相应的"高压电源"选项。选择"脉冲模式",若选择"脉冲-闭锁"则施加的脉冲电压由程序直接给出,若选择"脉冲-解锁"则需在"脉冲电压"中输入电压幅值,若选择"手动"则脉冲源输出通过手动控制。

(12) 设置示波器参数。选择"示波器端口",根据接线选择信号输出"通道",选择"耦合"方式(一般选择 DC)。"输入阻抗"根据不同的测试项目选择,平板试样选择"1 MΩ",电缆试样选择"50 Ω"。"Y 轴挡位""X 轴挡位"和"时延"可以先根据经验设置好,也可以待加压后再根据示波器显示的波形进行调整。

(13) 单击"开始测试"按钮,弹出行程线确认窗口,如图 6.4 - 8 所示。如果行程线使用正确,单击"是",进行下一步;如果不正确,单击"否",程序终止。

(14) 按照弹出的窗口中的提示,再次校对"测试平台""测试项目""高压源选项和高压源是否一致"和"脉冲模式"是否正确,如图 6.4 - 9 所示。如果是,单击"正确",高压源和脉冲源开始输出加压;如果不正确,单击"否",程序终止。

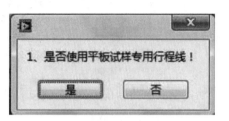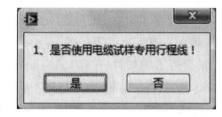

或

图 6.4 - 8   行程线确认窗口

图 6.4 - 9   校对项窗口

（15）观察示波器显示屏幕上的波形图,适当调整挡位设置,如果正常,单击"开始采集"按钮,开始波形采集,测量时间显示按钮开始计时;如果异常,单击"中止测试"。

（16）波形测试结束后,软件发出提示音,同时弹出"采集结束"窗口,单击"确定"按钮。

（17）软件弹出"高压源操作"窗口,如图 6.4 - 10 所示,如要继续进行测量波形的采集,则单击"维持",高压源输出电压将保持不变;否则单击"降压",高压源输出降为零。

图 6.4 - 10   高压源操作窗口   图 6.4 - 11   脉冲源操作窗口

（18）软件弹出"脉冲源操作"窗口,如图 6.4 - 11 所示。如要继续进行此样品的测试,则单击"维持",脉冲源输出电压将保持不变;只有当此样品的测试全部结束时,才单击"降压",脉冲源输出降为零。

（19）软件弹出"测试结束"窗口,单击"确定",波形采集结束,按照弹出窗口的提示进行短路放电,如图 6.4 - 12 所示。

图 6.4 - 12   测试结束窗口

（20）若选择的"测试项目"为"测量-短路"，则测量波形采集结束后，软件发出提示音，同时弹出"采集结束"窗口，提示短路过程的操作步骤，单击"确定"按钮，如图 6.4-13 所示。

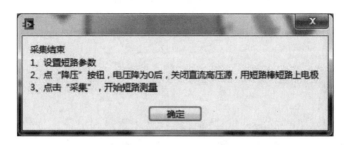

图 6.4-13　采集结束窗口

（21）设置短路波形的"测量时间"和示波器的"Y 轴挡位"。

（22）单击闪烁的"降压"按钮，待"极化电压表"的指针归零后，关闭高压源，用短路棒短路测试仪的上电极。

（23）单击"开始采集"按钮，开始短路波形采集，同时测量时间显示窗口开始计时。

（24）短路波形采集结束后，软件发出提示音，同时弹出"采集结束"窗口，单击"确定"按钮。

（25）软件弹出"脉冲源操作"窗口，如要继续进行此样品的测试，则单击"维持"，脉冲源输出电压将保持不变；只有当此样品的测试全部结束时，才单击"降压"，脉冲源输出降为零。

（26）软件弹出"测试结束"窗口，单击"确定"，测量波形采集结束。

（27）关机顺序如下：关闭高压源和脉冲源的电源→关闭空间电荷测试仪→关闭示波器和计算机。

（28）将接地棒取下，拆除直流高压接线和脉冲信号接线，拧开固定高压电极的两个旋钮，将高压电极拿起来，取出试样，再将高压电极放回原位。

2）测量聚乙烯样片（受潮）的空间电荷分布

使用电声脉冲法测试系统测量聚乙烯样片（受潮）的空间电荷分布。

具体操作步骤参照 6.4.4 节第 1 小节。

6.4.5　实验报告要求

（1）测量试样的参考信号和加压信号，通过数据恢复软件得到试样加压下的空间电荷时空分布数据表，画出试样在几个具有代表性时间节点下（如 0 s、600 s、1 200 s）的空间电荷、电场和电势关于厚度的 xOy 图。

（2）测量试样的短路信号，通过数据恢复软件得到试样短路下空间电荷时空分布数据表，画出试样在几个具有代表性时间节点下（如 0 s、600 s、1 200 s）的空间电荷、电场和电势关于厚度的 xOy 图。

（3）对画出的图进行分析，比如不同极性空间电荷积累对电场畸变的影响、空间电荷的分布情况、空间电荷随加压时间和短路时间的变化等（同学们也可以通过查阅相关资料进行参考）。

（4）解答实验指导书中的思考题。

6.4.6　思考题

（1）浸水和未浸水处理的两种试样哪种更容易积累空间电荷？为什么？

（2）短路过程的电荷消散特性主要受什么因素的影响？

6.5　电树枝与局部放电测量实验

6.5.1　实验目的

（1）了解电力设备绝缘中产生电树枝现象的机理。

（2）观察电树枝图像与局部放电数据，学会利用电树枝生长图像与局部放电 PRPD 图简单判断绝缘受损情况。

（3）学习使用电树枝观察设备获得树枝直观的外形参数。

（4）学会使用局部放电检测仪获取局部放电的次数和每一次放电的脉冲幅值。

6.5.2　实验设备

实验设备采用电树枝与局部放电测量系统，该系统由工频耐压试验系统、耦合电容、局部放电综合分析仪、工业相机及数字示波器组成，如表 6.5 - 1 所示。

表 6.5 - 1　实验设备一览表

序号	名　称	型号、规格	数　量
1	工频耐压试验系统	0～75 kV，7.5 kVA	1
2	耦合电容	150 kV，1 000 pf	1
3	局部放电综合分析仪	TWPD - 2E	1
4	工业相机	分辨率 640×480	1
5	数字示波器	DPO3032	1

1）工频耐压试验系统

工频耐压试验系统如图 6.5 - 1 所示，由试验变压器、保护电阻、分压器和控制台组成，其详细参数如下：额定电压为 75 kV；额定容量为 7.5 kVA；测量不确定度为 1%。

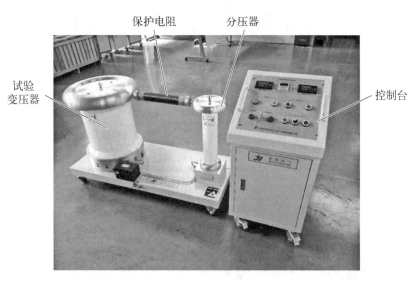

图 6.5 - 1　工频耐压试验系统

2）耦合电容

耦合电容如图 6.5 - 2 所示，其详细参数如下：额定电压为 150 kV；标称电容量为 1 000 pF。

3）局部放电综合分析仪

局部放电综合分析仪是基于脉冲电流法的局部放电信号检测装置，如图 6.5 - 3 所示，其详细参数如下：测量范围为 0.1 pC～10 000 nC；检测灵敏度为 0.1 pC；采样速度为 20 MHz；采样精度为 12 Bit；测量频带为 10 kHz～1 MHz。

4）工业相机

工业相机如图 6.5 - 4 所示，对电树枝图像进行实时检测，每隔固定时间进行图像采集，其详细参数如下：分辨率 640×480，帧率 860 fps，像元尺寸 4.8 μm，像素深度 8 bit，信噪比 38 dB。搭配镜头焦距 16 mm，光圈 f1.6～f22。

5）数字示波器

数字示波器如图 6.5 - 5 所示，详细参数如

图 6.5 - 2　耦合电容

下：型号为 DPO3032；带宽为 300 MHz；采样速率为 2.5 GS/s。

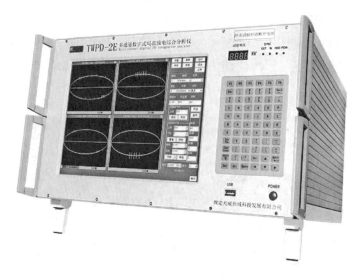

图 6.5-3 局部放电综合分析仪

图 6.5-4 工业相机

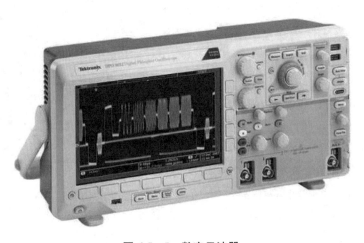

图 6.5-5 数字示波器

6.5.3　实验原理

高电压设备绝缘内部不可避免地存在某些缺陷(固体绝缘中的气隙和液体绝缘中的气泡),在外加电压作用下,气隙首先放电,因这种放电并不立即形成贯穿性通道,而仅在局部发生,故称局部放电。这种放电不会导致电力设备的瞬时击穿,但是在局部放电不断发展的过程中,可能会使得绝缘中的缺陷不断扩大,并最终导致电气设备的击穿。

对电力设备开展局部放电的检测是了解电力设备运行状态、及时避免电力设备可能演变为最终击穿的必要技术手段。电气设备在发生局部放电时,往往有声、光、电和磁等现象,同时气体和有机绝缘还可能受电场作用而形成一些小分子物质,如气体的分解,有机大分子分解为小分子的固体、液体或者气体。通过声、光、电、磁和小分子产物的检测,可以实现电气设备局部放电的检测。

目前针对电力设备的局部放电检测,以声、光、电和磁感应为主的有脉冲电流(electrical research association,ERA)法、高频电流传感器(high-frequency current transducer,HFCT)、无线电干扰(radio influence voltage)法、特高频法(ultra-high-frequency,UHF)和超高频(super-high-frequency,SHF)法、超声波法等,其他还有通过检测局部放电中小分子产物间接测量局部放电的技术,包括对油中溶解气体进行检测的色谱和光声光谱检测法,以及化学试剂变色法,分别适用于含有液体绝缘和气体绝缘的电气设备。

脉冲电流法是局部放电检测技术中最典型的方法,它的特点是检测技术简单,易于定量,因此是最成熟的检测方法,其他的局部放电检测技术要实现定量化,一般要都是通过与脉冲电流法测量的数据进行比对。

如图 6.5-6 所示为一种利用气泡或者气隙放电阐述局部放电的三电容模型,含有气泡或者气隙部分的电容为 C_g,与之串联而没有气泡或者气隙部分的电容为 C_b,其他与含有气泡或者气隙并联的部分以 C_a 表示。通常 $C_a \gg C_g \gg C_b$。

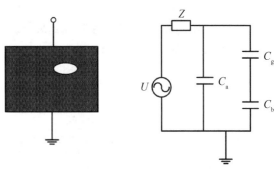

图 6.5-6　局部放电三电容模型

若在电极间加上交流电压 u 时,C_g 所分到的电压为

$$u_g = u \frac{C_b}{C_b + C_g} \tag{6.5-1}$$

C_g 两端 u_g 随外加电压 u 的升高而升高;当 u 上升到气隙的放电电压 U_s、u_g 到达气泡或者气隙的放电电压 U_g 时,气隙 C_g 放电,于是 C_g 上的电压从 U_g 下降到 U_r,然后放电熄

灭。U_r 为残余电压,数值上它小于 U_g(绝对值),可以认为接近零值。放电熄灭之后,随着外施电压增大,C_g 两端的电压 u_g 将再次上升,当它再次升到 U_g 时,C_g 再次放电,其两端电压再次降到 U_r,放电再次熄灭。如图 6.5-7 所示为局部放电发生时气隙中的电压和电流变化。

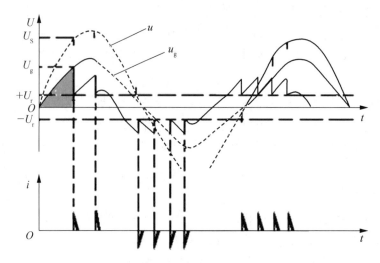

图 6.5-7 局部放电发生时气隙中的电压和电流变化

当 C_g 放电时,其两端电压变化为 $(U_g - U_r)$,每次放电时释放出的电荷量为

$$\Delta q_r = \left(C_g + \frac{C_a C_b}{C_a + C_b} \right)(U_g - U_r) \approx (C_b + C_g)(U_g - U_r) \tag{6.5-2}$$

式中,Δq_r 为真实放电量。因 C_g、C_b、U_g、U_r 无法测量,故 Δq_r 也无法测得。

在进行局部放电检测时,通常测量视在放电量 Δq,即根据气隙放电时外加电压 u 的变化 ΔU 和试品电容来确定放电电荷量

$$\Delta q = \Delta U \left(C_a + \frac{C_b C_g}{C_b + C_g} \right) \approx \Delta U C_a \tag{6.5-3}$$

此外,ΔU 与 $(U_g - U_r)$ 的关系可用分压公式表示为

$$\Delta U = \frac{C_b}{C_a + C_b}(U_g - U_r) \approx \frac{C_b}{C_a}(U_g - U_r) \tag{6.5-4}$$

将式(6.5-4)代入式(6.5-3),可得

$$\Delta q = C_b(U_g - U_r) \tag{6.5-5}$$

比较式(6.5-2)和式(6.5-5),可得

$$\Delta q \approx \frac{C_\mathrm{b}}{C_\mathrm{g} + C_\mathrm{b}} \Delta q_\mathrm{r} \tag{6.5-6}$$

如前文所述,一般 $C_\mathrm{g} \gg C_\mathrm{b}$,故 $\Delta q \ll \Delta q_\mathrm{r}$。

通常介质内部气泡的放电在正负两个半周内基本上是相同的,在示波器屏上可以看到正负半周放电脉冲是对称的,如图 6.5-8 所示。从图 6.5-8 可以看出,放电没有出现在试验电压的过峰值的一段相位上,且每次放电的大小（即脉冲的高度）并不相等,而且放电多出现在试验电压幅值绝对值的上升部分的相位上。

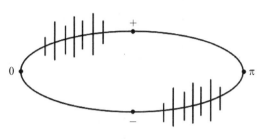

图 6.5-8　内部气泡的放电图形

相角 φ_i 表示局部放电的位置,相角 φ_i 和发生时间 t_i 之间的关系为

$$\varphi_\mathrm{i} = 360 \cdot \frac{t_\mathrm{i}}{T} \tag{6.5-7}$$

式中,t_i 为试验电压最近一次朝正向过零时刻与局部放电脉冲之间的时间间隔,单位为 s;T 为试验电压的周期,单位为 s;φ_i 为放电的相位角,单位为度。

从局部放电发生的位置、放电过程和现象来看,局部放电可以分为三种类型:内部放电、表面放电和电晕放电。

（1）内部放电。造成内部局部放电的常见原因是固体绝缘介质内部存在气隙或液体绝缘内部存在气泡。绝缘内部气隙放电的机理随气压和电极系统的变化而异,从放电过程而论,可分为电子碰撞电离放电和流注放电两类;从放电形式上可分为脉冲型（火花型）放电和非脉冲型（辉光型）放电两种基本形式。

（2）表面放电。在电气设备的高电压端,由于电场集中,沿面放电场强又比较低,往往会产生表面局部放电。绝缘介质表面放电的过程及机理与绝缘内部气隙或气泡放电的过程及机理相似,不同的是放电空间一端是绝缘介质,另一端是电极。

（3）电晕放电。电晕放电通常发生在高压导体周围完全是气体的情况下。由于气体中的分子自由移动,放电产生的带电质点不会固定在空间某一位置上,因此其放电过程与固体或液体绝缘中含有气泡的放电过程不同。

发生局部放电时,试品两端会出现一个瞬时的电压变化,在检测回路中引起一高频脉冲电流,脉冲电流法通过耦合放电产生的高频脉冲对局部放电信号进行检测,如图 6.5-9 所示。本实验采用的是并联测量回路。图中,Z 为保护电阻,抑制放电电流进入试验变压器;C_x 为试品电容;C_K 为耦合电容,与 C_x 构成脉冲电流回路,并且可以将检测阻抗与高压隔离开;Z_m 为检测阻抗,将局部放电产生的脉冲电流信号转化为电压信号;A 为放大器;M 是显示测量信号的装置。

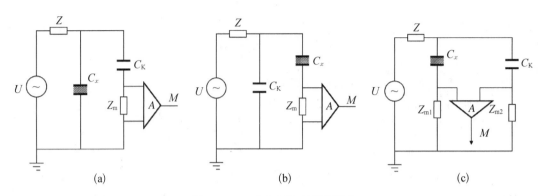

图 6.5‑9　脉冲电流法测量回路

(a) 并联测量回路(适用于试品一端接地的情况);(b) 串联测量回路(试品的低压端接地可以解开);
(c) 桥式测量回路(抗外部干扰的性能较好)

6.5.4　实验内容

在实验之前,需要准备相应的测试样块。针板电极试样制作的制作流程如图 6.5‑10 所示。最终制作完成的针板电极试样如图 6.5‑11 所示。

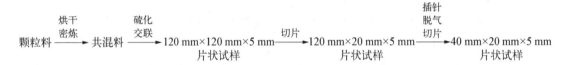

图 6.5‑10　针板电极试样制作的制作流程图

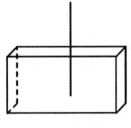

图 6.5‑11　针板电极试样示意图

测量针板电极试样的局部放电量及电树枝生长过程如下。

(1) 如图 6.5‑12 所示接线,并连接观察电树枝的工业相机,调节焦距使得针尖图像清晰,记录针尖图像,设置图片文件存储路径和存储间隔时间。

(2) 为了确定检测得到的局放脉冲电压幅值与被试品的视在放电量比例系数,要进行校准。将局放信号校正方波发生器与被试品并联,在试品两端上产生标准放电量的脉冲信号。示波器选好触发阈值,测量检测阻抗两端的电压大小。记录背景噪声的峰值(单位为mV)、局部放电校准仪放电量(单位为 pC)、示波器检测脉冲峰峰值(单位为 mV)、示波器触发阈值(单位为 mV)。

(3) 移除局放信号校正方波发生器,检查接线,准备升压。打开试验变压器控制台电源,以 500 V/s 的速度将试验电压升至 9 kV。此时开始记录电树枝图片和局部放电信号。记录电树枝出现的时间(单位为 s)。

(4) 电树枝生长 10 min 后,将试验电压降压到 0 V,断开控制台电源,悬挂接地棒,实验结束。

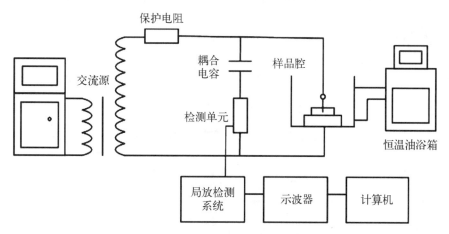

图 6.5 - 12　交流电树枝-局部放电系统示意图

（5）每隔 2 min 选取一张电树枝图片，用 Labview 软件测量电树枝长度（此长度为像素度，换算关系为 1 像素＝2.4 μm）。用 Labview 软件处理局部放电数据，得到局部放电的时间、相位和放电量。

6.5.5　实验报告要求

（1）根据实验结果，计算电树枝每两分钟的平均生长速率（单位为 μm/s）。
（2）根据电树枝图片文件制作电树枝的长与宽根据时间的变化趋势图。
（3）根据相位-放电量文件制作局部放电 PRPD 图。
（4）解答实验指导书中的思考题。

6.5.6　思考题

（1）脉冲电流法测量局部放电有哪些优缺点？
（2）局部放电信号的相位分布有哪些特点？

6.6　ESE 避雷针提前放电时间评估实验

6.6.1　实验目的

（1）了解 ESE 避雷针的接闪放电特性。
（2）通过模拟自然雷击，测量 ESE 避雷针的提前放电时间。

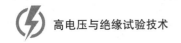

6.6.2 实验设备

实验设备采用模拟雷击测试系统,该系统由冲击电压发生器及其测量系统、直流电压发生器及其测量系统、平板电极及数字示波器组成,如表 6.6-1 所示。

表 6.6-1 实验设备一览表

序号	名　　称	型号、规格	数　量
1	冲击电压发生器及其测量系统	3 000 kV	1
2	直流电压发生器及其测量系统	600 kV	1
3	平板电极	直径 300 cm	1
4	数字示波器	DPO3032	1
5	避雷针	—	2

图 6.6-1 冲击电压发生器及其测量系统

1) 冲击电压发生器及其测量系统

冲击电压发生器及其测量系统如图 6.6-1 所示,其采用恒流充电及自动控制的操作系统,可产生 1.2/50 μs 标准雷电波和 250/2 500 μs 标准操作波,最高峰值可达 2 500 kV,测量不确定度为 3%。

2) 直流电压发生器及其测量系统

直流电压发生器及其测量系统如图 6.6-2 所示,其详细参数如下:输出电流可达 5 ~ 10 mA;纹波系数小于3%,测量不确定度为 3%。

3) 平板电极

平板电极如图 6.6-3 所示,其直径为 300 cm。

4) 数字示波器

数字示波器如图 6.6-4 所示,其详细参数如下:型号为 DPO3032;带宽为 300 MHz;采样速率为 2.5 GS/s。

图 6.6‑2　直流电压发生器及其测量系统

图 6.6‑3　平板电极

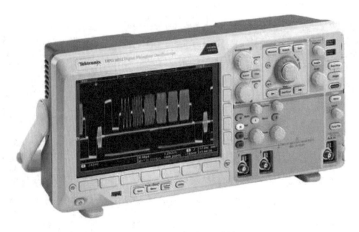

图 6.6 - 4　数字示波器

5) 避雷针

普通避雷针和某型号 ESE 避雷针如图 6.6 - 5 所示。

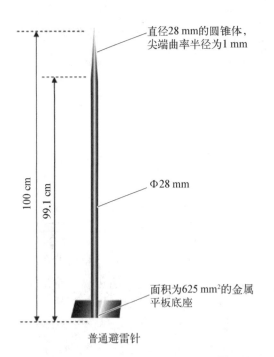

直径28 mm的圆锥体，
尖端曲率半径为1 mm

Φ28 mm

面积为625 mm² 的金属
平板底座

普通避雷针

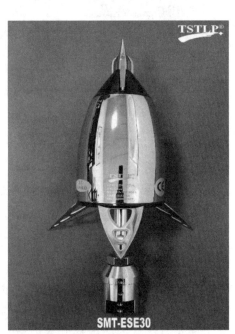

ESE避雷针

图 6.6 - 5　避雷针

6.6.3　实验原理

当雷电云层形成后,云层与地面之间的大气会产生一个电场,电场强度一般可达到
10 kV/m 以上。当雷电云层内部形成一个下行先导时,闪电电击就开始了。下行先导电荷

以阶梯形式向地面发展,使地面迅速建立起电场。与此同时,地面建筑物或普通物体产生上行先导,上行先导向上传播,一直到与下行先导会合,此时闪电电流便流过所形成的通道,雷电随即产生。地面单个建筑物或金属部件可能会产生几个向上先导,与下行先导会合的第一个上行先导决定了闪电电击的位置。

普通避雷针就是利用尖端放电的原理,比建筑物等其他物体更快产生一个上行先导,提前与雷云的下行先导会合,把雷电流引入大地,从而达到防护的目的。放电物理学表明,普通避雷针上行先导的产生需经过一段延迟时间,这段延迟时间会限制普通避雷针的有效性。

ESE 避雷针是一种新型的避雷针,最早由法国学者提出并制定了相应的标准。ESE 避雷针在普通避雷针的基础上增加了一个主动触发系统。这个触发系统能使 ESE 避雷针产生一个比普通避雷针更快的上行先导,提前与雷云的下行先导会合,把雷电流引入大地,从而达到防护的目的。

本实验就是通过模拟自然界的雷击来测试普通避雷针和 ESE 避雷针的放电时间,再根据两种避雷针放电时间的数据分析得到 ESE 避雷针的提前放电时间。实验布置可分为3 个区域:直流电压区域、放电区域和冲击电压区域,如图 6.6 - 6 所示。放电区域中,平板电极模拟雷云,避雷针放置于平板电极中心正下方的地面上。直流电压区域产生负极性的直流电压使平板电极对地面保持一个稳定的直流电场。冲击电压区域使用负极性 $250/2\,500\ \mu s$ 标准操作波使平板电极产生下行先导。

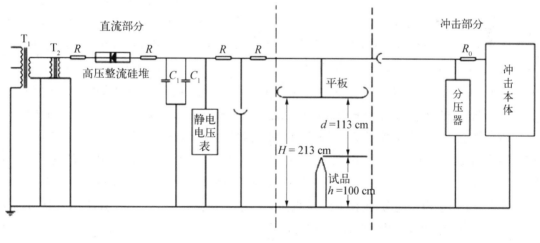

图 6.6 - 6　实验布置图

6.6.4　实验内容

1) 普通避雷针接闪放电试验

具体操作步骤如下。

(1) 根据实验布置图搭建整个试验回路。

（2）调节平板电极水平度使其平行于地面。

（3）调节平板电极垂直地面高度到规定高度。

（4）调节普通避雷针的高度到 100 cm。

（5）将普通避雷针固定在平板电极中心正下方。

（6）取下冲击电压发生器的接地棒，取下直流电压发生器的接地棒。

（7）打开直流电压发生器的电源，按下合闸按钮，调节输出电压到规定值。

（8）打开冲击电压发生器的电源，调整极性为负，按下合闸按钮，调节输出电压到规定值后按下触发按钮。注意：如果实验过程中有任何意外情况，必须立刻按下分闸按钮。

（9）观察数字示波器上的波形，记录电压峰值及放电时间，数据填入表 6.6－2。

（10）重复第（8）、（9）步，完成 50 次模拟雷击接闪放电试验。

（11）试验完成后，按下冲击电压发生器的分闸按钮并关闭电源，按下直流电压发生器的分闸按钮并关闭电源，给平板电极挂上接地棒。

表 6.6－2　普通避雷针接闪放电试验数据记录表

普通避雷针接闪放电试验						
样品名称	普　通　避　雷　针					
平板电极直径 D/cm			平板电极高度 H/cm			
避雷针高度 h/cm			放电空气间隙距离 d/cm			
直流电压 $U_{直流}$/kV			气象条件	温度/℃	相对湿度	气压/kPa
序　号	放电峰值 U/kV	放电时间 T/μs	序　号	放电峰值 U/kV	放电时间 T/μs	
1			26			
2			27			
3			28			
⋮			⋮			
25			50			
放电时间平均值/μs			放电时间的标准方差/μs			

2）ESE 避雷针接闪放电试验

具体操作步骤如下。

（1）根据实验布置图搭建整个试验回路。

（2）调节平板电极水平度，使其平行于地面。

（3）调节平板电极垂直地面高度到规定高度。

（4）调节 ESE 避雷针的高度到 100 cm。

（5）将 ESE 避雷针固定在平板电极中心正下方。

（6）取下冲击电压发生器的接地棒，取下直流电压发生器的接地棒。

（7）打开直流电压发生器的电源，按下合闸按钮，调节输出电压到规定值。

（8）打开冲击电压发生器的电源，调整极性为负，按下合闸按钮，调节输出电压到规定值后按下触发按钮。注意：如果实验过程中有任何意外情况，必须立刻按下分闸按钮。

（9）观察数字示波器上的波形，记录电压峰值及放电时间，数据填入表 6.6 – 3。

（10）重复第（8）、（9）步，完成 50 次模拟雷击接闪放电试验。

（11）试验完成后，按下冲击电压发生器的分闸按钮并关闭电源，按下直流电压发生器的分闸按钮并关闭电源，给平板电极挂上接地棒。

表 6.6 – 3　ESE 避雷针接闪放电试验数据记录表

ESE 避雷针接闪放电试验					
样品名称	ESE　避　雷　针				
平板电极直径 D/cm		平板电极高度 H/cm			
避雷针高度 h/cm		放电空气间隙距离 d/cm			
直流电压 $U_{直流}$/kV		气象条件	温度/ ℃	相对湿度	气压/ kPa
序　号	放电峰值 U/kV	放电时间 T/μs	序　号	放电峰值 U/kV	放电时间 T/μs
1			26		
2			27		
3			28		
⋮			⋮		
25			50		
放电时间平均值/μs			放电时间的标准方差/μs		

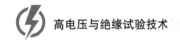
6.6.5　实验报告要求

（1）根据上述两个实验的实验数据，对 ESE 避雷针的放电时间和普通避雷针的放电时间进行统计分析，并画出两种避雷针的放电时间分布图。

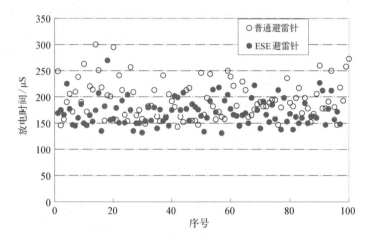

图 6.6 - 7　两种避雷针的放电时间点散分布图（示例图）

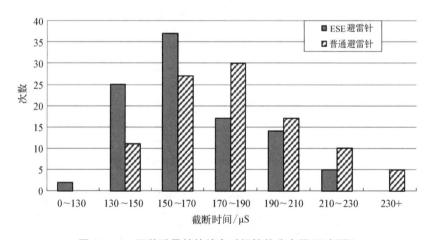

图 6.6 - 8　两种避雷针的放电时间柱状分布图（示例图）

（2）将波前时间为 250 μs 下的提前放电时间折算到波前时间为 650 μs（标准波形）下的提前放电时间。

（3）解答实验指导书中的思考题。

6.6.6　思考题

（1）法国发布的关于 ESE 避雷针的标准编号及名称是什么？

（2）根据上述法国标准，ESE 避雷针的提前时间应折算到规定波形下，该规定波形的波头时间为多少？折算后的提前时间最大限值为多少？

6.7　高压开关柜质量评估实验

6.7.1　实验目的

（1）了解常见高压电器，尤其是高压开关柜的基本参数及相关高压试验知识。
（2）掌握高压开关柜的试验项目，包括试验要求和试验方法。
（3）通过试验结果，对高压开关柜的质量进行综合评估。

6.7.2　实验设备

本实验所用样品及仪器设备包括高压开关柜、真空断路器、移动式工频电压发生器、冲击电压发生器、冲击电流发生器、开关机械特性测试仪、回路电阻测试仪和数字示波器，如表 6.7 - 1 所示。

表 6.7 - 1　实验设备一览表

序号	名　　称	型号、规格	数　量
1	高压开关柜（固定式）	XGN2 - 10	1
2	高压开关柜（中置柜）	KYN28 - 12	1
3	真空断路器	VS1	1
4	移动式工频电压发生器	0～75 kV，7.5 kVA	1
5	冲击电压发生器	1.2/50 μs，0～400 kV	1
6	冲击电流发生器	8/20 μs，30 kV/10 kA	1
7	开关机械特性测试仪	XSL8001	1
8	回路电阻测试仪	JTHL	1
9	数字示波器	DPO3032	1

1) 高压开关柜

XGN2-10 型高压开关柜如图 6.7-1(a)所示,其额定电压为 12 kV;KYN28-12 型高压开关柜如图 6.7-1(b)所示,其额定电压为 12 kV。

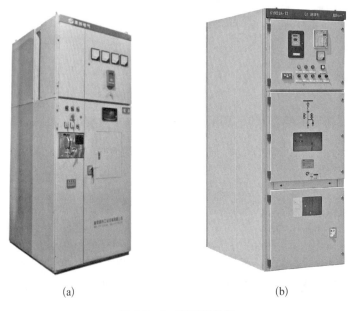

(a) (b)

图 6.7-1 高压开关柜

(a) XGN2-10 型;(b) KYN28-12 型

2) 真空断路器

VS1 型真空断路器如图 6.7-2 所示,其额定电压为 12 kV。

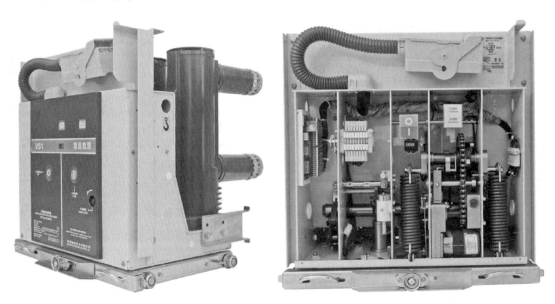

图 6.7-2 VS1 型真空断路器

3) 移动式工频电压发生器

移动式工频电压发生器如图6.7‐3所示,其详细参数如下:输出电压为 0～60 kV;最大输出电流为 100 mA;测量不确定度为 3%。

4) 冲击电压发生器

冲击电压发生器如图 6.7‐4 所示,其详细参数如下:输出电压为 0～400 kV (1.2/50 μs);测量不确定度为 3%。

5) 冲击电流发生器

冲击电流发生器如图 6.7‐5 所示,其详细参数如下:输出电流为 0～20 kA(8/20 μs);测量不确定度为 3%。

6) 开关机械特性测试仪

开关机械特性测试仪如图 6.7‐6 所示,其详细参数如下:型号为 XSL8001;时间量程为 0～8 000 ms,分辨率为 0.1 ms,测量不确定度为 0.1%;速度量程为 0～20 m/s,分辨率为 0.01 m/s,测量不确定度为 1%。

图 6.7‐3　移动式工频电压发生器

图 6.7‐4　冲击电压发生器

图 6.7‐5　冲击电流发生器

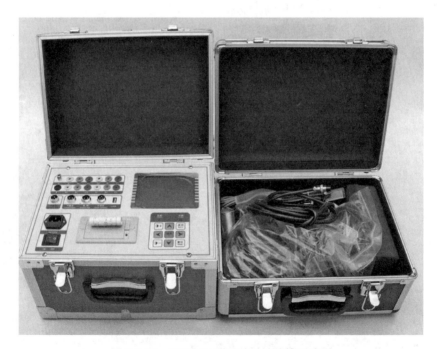

图 6.7‐6　XSL8001 型开关机械特性测试仪

7) 回路电阻测试仪

回路电阻测试仪如图 6.7‐7 所示,其详细参数如下:型号为 JTHL;测试电流为 100 A;量程为 0～50 mΩ;分辨率为 0.1 μΩ;测量不确定度为 ±0.5%。

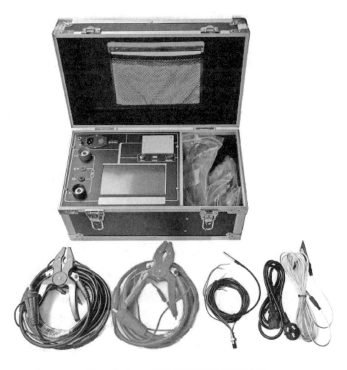

图 6.7 - 7　JTHL 型回路电阻测试仪

8) 数字示波器

数字示波器如图 6.7 - 8 所示,详细参数如下: 型号为 DPO3032;带宽为 300 MHz;采样速率为 2.5 GS/s。

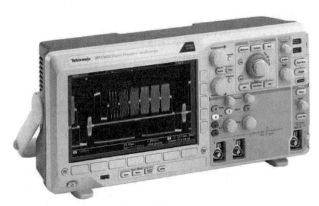

图 6.7 - 8　数字示波器

6.7.3　实验原理

1) 机械试验

机械试验包括机械特性、机械操作、机械寿命和接线端子静拉力试验。由于条件限制,本次实验仅做机械特性和机械操作试验。机械试验一般在常温下进行,试验时主回路不施加电压和电流。

真空断路器是通过触头的分、合动作来达到开断和关合电路的目的,这一定要依靠操作系统来完成。机械特性试验通过开关机械特性测试仪来测量真空断路器的以下参数:触头开距(单位为 mm)、合闸时间(单位为 ms)、分闸时间(单位为 ms)、合闸速度(单位为 m/s)、分闸速度(单位为 m/s)、触头合闸弹跳时间(单位为 ms)、三相触头合闸/分闸不同期性(单位为 ms)。

机械操作试验是为了证明开关和可移开部件能完成预定的操作功能,共有以下的操作:可移开部件的插入和抽出;额定操作电压下的合、分闸;最高操作电压下的合、分闸;最低操作电压下的合、分闸。这些操作是为了证明各机械部件在电网电压剧烈波动下都能正常进行操作。

2) 主回路电阻的测量

主回路电阻的测量是为了检查各开关的触头和各螺丝的连接处是否接触良好。高压开关柜的主回路通常要通过几百安培,乃至几千安培的电流。当大电流通过触头时,由于接触电阻的存在会引起触头的发热。在正常额定电流下,触头温度不应超过一定的数值。如果触头接触不良,接触电阻过大,使其温升超过允许值,会加速接触面表面的氧化,又引起接触电阻的急剧上升,如此恶性循环,导致触头烧熔。因此,各厂家的技术条件对主回路电阻都做出了相应的规定:该电阻一般在几百微欧的范围内,与额定电流的大小有关。

为了能测准这类小电阻,应该用直流电流来测量回路的电阻或电压降。试验电流应取 50~100 A 之间的任一方便值(推荐采用 100 A)。为了提高测量精度,消除测量引线电阻的影响,必须采用四线制的测量方法。

3) 主回路工频耐压试验和辅助回路工频耐压试验

主回路工频耐压试验主要是考核高压开关柜主回路的绝缘性能是否满足技术要求。主回路工频耐压试验电压施加部位为相地、相间和断口。主回路工频耐压试验只做干耐压试验,试验电压跟额定电压相关,12 kV 的电气设备对应的工频试验电压值为 42 kV。施加试验电压耐受 1 min,若无击穿和放电现象,则视为通过。试验时,电压互感器可用模拟器代替,电流互感器二次侧端子要全部短接,避雷器要拆除。

辅助回路的工频耐压试验是将辅助回路和控制回路连接在一起,试验电压加在它与接地极之间;电流互感器的二次侧应短接并与地断开,电压互感器的二次侧应断开。试验电压为工频 2 kV,耐受 1 min,若无击穿和放电现象,则视为通过。也可采用工频电压 2.5 kV 点试 1 s 的方法。

4) 冲击电压试验

模拟雷电过电压的是 1.2/50 μs 标准雷电冲击电压波形。模拟系统操作过电压的是 250/2 500 μs 标准操作冲击电压波形。本试验采用 1.2/50 μs 标准雷电冲击电压波形来考核高压开关柜主回路的绝缘性能是否满足技术要求。试验电压与额定电压相关,12 kV 的电气设备对应的雷电冲击试验电压值为 75 kV。试验需要正、负极性各施加 15 次波形,若每个极性放电的次数不超过 2 次,则视为通过。试验时,电压互感器可用模拟器代替,电流互感器二次侧端子要全部短接,避雷器要拆除。

5)冲击电流试验

金属氧化物避雷器是用氧化锌电阻片组成,其非线性电阻特性要比碳化硅阀片好得多,其结构和伏安特性如图 6.7‑9 和图 6.7‑10 所示。

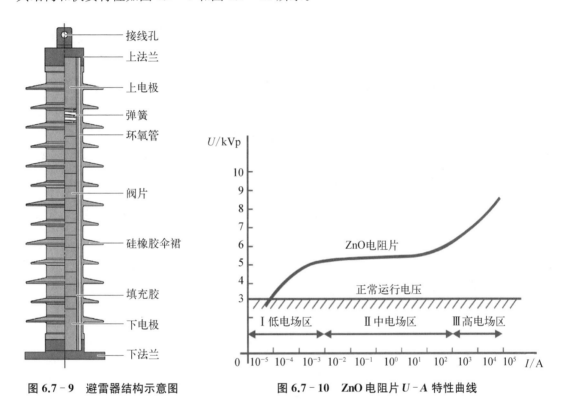

图 6.7‑9　避雷器结构示意图　　　　　　图 6.7‑10　ZnO 电阻片 U‑A 特性曲线

从伏安特性曲线可看到,当电压增长到某一值后,电流迅速增大,而电阻片两端的压降几乎不随电流增长而上升。正常工作时它呈现高阻状态,只有很小的泄漏电流(微安级)。当遇到过电压时,它能迅速变成低电阻(响应时间为纳秒级),将过电压的能量迅速释放,从而使过电压降低,保护了其他电器设备。过电压过后,它又恢复到高阻状态。

冲击电流试验对单片的氧化锌电阻片来进行冲击电流试验,同时测量流过电阻片的冲击电流波形和残压波形。

6.7.4　实验内容

1)机械试验

具体操作步骤如下。

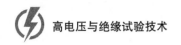

高电压与绝缘试验技术

（1）仔细观察真空断路器的铭牌，记录相应参数，尤其注意额定操作电压值及电压种类。

（2）根据说明书将开关机械特性测试仪的测量线连接到真空断路器。

（3）将电源柜的输出电压线连接到真空断路器。

（4）打开开关机械特性测试仪的电源，调整菜单到"等待电动触发"状态。

（5）打开电源柜电源，根据真空断路器的铭牌选择交流/直流。

（6）调节电源柜输出电压到实验电压值。

（7）根据真空断路器的开关状态，按下电源柜上电动合闸/分闸按钮。每次真空断路器合闸后，储能电机会立刻启动进行储能，此时不能调节电压值。

（8）待真空断路器合闸/分闸后，记录开关机械特性测试仪所测特性参数值，将数据填入表 6.7－2。

表 6.7－2　断路器机械试验记录表

产品名称			产品型号			
生产单位			产品编号			
序号	检测项目	技术要求	检 测 结 果			是否合格
				第一次	第二次	第三次
1.1	机械特性试验	见 1.1.1～1.1.10	—			
1.1.1	触头开距/mm	9～11	A 相			
			B 相			
			C 相			
1.1.2	触头超行程/mm	3～4	A 相			
			B 相			
			C 相			
1.1.3	合闸弹跳/ms	0～2	A 相			
			B 相			
			C 相			
1.1.4	分闸反弹/ms	0～3	额定电压			
			最高电压			
			最低电压			

序号	检测项目	技术要求	检 测 结 果				是否合格
				第一次	第二次	第三次	
1.1.5	合闸时间/s	0~0.1	额定电压				
			最高电压				
			最低电压				
1.1.6	分闸时间/s	0~0.6	额定电压				
			最高电压				
			最低电压				
1.1.7	合闸速度/(m/s)	0.9~1.3	额定电压				
			最高电压				
			最低电压				
1.1.8	分闸速度/(m/s)	0.9~1.3	额定电压				
			最高电压				
			最低电压				
1.1.9	合闸不同期/ms	0~2	额定电压				
			最高电压				
			最低电压				
1.10	分闸不同期/ms	0~2	额定电压				
			最高电压				
			最低电压				
1.2	机械操作试验	见 1.2.1~1.2.3	—				
1.2.1	额定操作条件下合分闸操作	应进行 3 次合、分闸,动作应正确无误					
1.2.2	最高操作电压下合分闸操作	在 110%U_N 合闸电压下合闸 3 次,120%U_N 分闸电压下分闸 3 次,动作应正确无误					
1.2.3	最低操作电压下合分闸操作	在 85%U_N合闸电压下合闸 3 次,65%U_N 分闸电压下分闸 3 次,动作应正确无误					

(9) 重复第(6)～(8)步,可分别得到额定操作电压、最高操作电压和最低操作电压下真空断路器的特性参数值。

(10) 试验完成后,关闭电源柜的电源,关闭开关机械特性测试仪的电源,拆除电源线及测试线。

2) 主回路电阻的测量

具体操作步骤如下。

(1) 仔细观察高压开关柜(固定式)的主回路接线图。

(2) 根据说明书将高压开关柜(固定式)主回路的断路器和所有隔离开关都闭合。

(3) 将两个电压电流夹头的电流线和电压线分别连接到回路电阻测试仪上。

(4) 将一个电压电流夹头夹到高压开关柜(固定式)其中一个相线的输入端,将另一个电压电流夹头夹到电流互感器的前端。如该相线没有电流互感器,则将另一个电压电流夹头夹到该相线的输出端。

(5) 打开回路电阻测试仪电源开关,测试电流选择 100 A,按下测试按钮,等待测试完成后记录所测电阻值,将数据填入表 6.7-3,并关闭回路电阻测试仪电源开关。如果测试完成后回路电阻测试仪没有显示数据或显示接线不良,请关闭电源,调整两个电压电流夹头所夹的位置后重新测试一次。

表 6.7-3　主回路电阻测量记录表

序号	检 测 项 目	技 术 要 求	检 测 结 果		是否合格
2	主回路电阻的测量	主回路电阻值≤350 μΩ	部位	主回路电阻值/μΩ	
			A 相		
			B 相		
			C 相		

(6) 将一个电压电流夹头夹到高压开关柜(固定式)其中一个相线的输出端,将另一个电压电流夹头夹到电流互感器的后端。

(7) 打开回路电阻测试仪电源开关,测试电流选择 100 A,按下测试按钮,等待测试完成后记录所测电阻值,并关闭回路电阻测试仪电源开关。

(8) 重复第(4)～(7)步,可分别测得高压开关柜(固定式)的 A 相、B 相和 C 相的回路电阻值。如果相线上有电流互感器,则该相回路电阻值为所测的两段电阻值之和。

(9) 试验完成后,拆除回路电阻测试仪的电压电流夹头。

3) 主回路工频耐压试验和辅助回路工频耐压试验

具体操作步骤如下。

（1）仔细观察高压开关柜（固定式）的主回路接线图。

（2）根据说明书将高压开关柜（固定式）主回路的断路器和所有隔离开关都闭合。

（3）将移动式工频电压发生器的高压引线连接到高压开关柜（固定式）的相线输入端（A相、B相、C相短接）。

（4）将接地线连接到高压开关柜（固定式）金属外壳的接地点上。

（5）取下移动式工频电压发生器的接地棒。

（6）打开移动式工频电压发生器的电源，选择 60 kV 挡位，按下合闸按钮，操作升压按钮将输出电压升至规定的实验电压值。如果实验过程中有任何意外情况，必须立刻按下分闸按钮。

（7）当输出电压值达到规定的实验电压值后，打开计时器开关，倒计时 1 min。

（8）等计时结束后，移动式工频电压发生器会自动降压至零位。按下分闸按钮，关闭电源，在高压输出端挂好接地棒，拆除接线并将试验数据填入表 6.7 - 4。

表 6.7 - 4　主回路工频耐压试验和辅助回路工频耐压试验记录表

序号	检 测 项 目	技 术 要 求	检 测 结 果		是否合格
3.1	主回路工频耐压试验	在相地、相间和断口间施加工频电压 _____ kV，耐压 1 min，应无击穿或闪络现象	部位	电压值/kV	
			相地		
			相间		
			断口		
3.2	辅助回路工频耐压试验	应能承受工频 _____ kV，耐压 1 min 无击穿或闪络现象			

（9）将移动式工频电压发生器的高压引线连接到高压开关柜（固定式）的 B 相相线输入端。

（10）将接地线连接到高压开关柜（固定式）的 A 相、C 相相线输入端和金属外壳的接地点上。

（11）重复第（5）～（8）步，可完成相间工频耐压试验。

（12）根据说明书将高压开关柜（固定式）主回路的断路器断开。

（13）将接地线连接到高压开关柜（固定式）的相线输出端（A 相、B 相、C 相短接）。

（14）重复第（3）～（8）步，可完成断路器断口工频耐压试验。

（15）根据说明书将高压开关柜（固定式）需检测的辅助回路触点短接。

（16）将移动式工频电压发生器的高压引线连接到高压开关柜（固定式）的辅助回路触点。

（17）重复第（4）～（8）步，其中第（6）步中，选择 2 kV 挡位，可完成辅助回路工频耐压试验。

4) 雷电冲击耐压试验

具体操作步骤如下。

(1) 仔细观察高压开关柜(中置柜)的主回路接线图。

(2) 根据说明书将高压开关柜(中置柜)的断路器闭合。

(3) 将冲击电压发生器的高压引线连接到高压开关柜(中置柜)的相线输入端(A 相、B 相、C 相短接)。

(4) 将接地线连接到高压开关柜(中置柜)金属外壳的接地点上。

(5) 取下冲击电压发生器的接地棒。

(6) 打开冲击电压发生器的电源,按下合闸按钮,操作升压按钮将输出电压升至规定值后按下触发按钮。按下触发按钮后,输出电压会降低,之后会自动升压,每当输出电压升至规定值都要立即按下触发按钮。如果实验过程中有任何意外情况,必须立刻按下分闸按钮。

(7) 观察数字示波器上的波形,记录是否放电,记录电压峰值及极性,将试验数据填入表 6.7 - 5。

表 6.7 - 5　雷电冲击耐压试验记录表

	雷电冲击耐压试验 试验电压:　　kV,波形:　　μs		
序号	相　　地	相　　间	断　　口
1			
2			
3			
⋮			
15			
结论			

(8) 记录 15 个冲击电压波形的数据后,按下分闸按钮,等调压器归零后关闭冲击电压发生器的电源,在高压输出端挂上接地棒。

(9) 转换冲击电压发生器输出电压的极性。

(10) 重复第(5)~(8)步,可完成另外一个极性的雷电冲击耐压试验。

(11) 拆除接线并将冲击电压发生器的高压引线连接到高压开关柜(中置柜)的 B 相相线输入端。

(12) 将接地线连接到高压开关柜(中置柜)的 A 相、C 相相线输入端和金属外壳的接地点上。

(13) 重复第(5)～(10)步,可完成相间的雷电冲击耐压试验。

(14) 根据说明书将高压开关柜(中置柜)主回路的断路器断开。

(15) 将接地线连接到高压开关柜(中置柜)的相线输出端(A 相、B 相、C 相短接)。

(16) 重复第(3)～(10)步,可完成断路器断口的雷电冲击耐压试验。

5) 氧化锌电阻片的 8/20 μs 冲击电流试验

具体操作步骤如下。

(1) 仔细观察冲击电流发生器的回路。

(2) 将氧化锌电阻片接入试验回路。

(3) 取下冲击电压发生器的接地棒。

(4) 打开冲击电流发生器的电源,按下合闸按钮,调节充电按钮充电至规定值后,按下触发按钮。如果实验过程中有任何意外情况,必须立刻按下分闸按钮。

(5) 按下分闸按钮,关闭冲击电流发生器的电源。

(6) 观察数字示波器上的波形,记录电流波形的峰值,记录残压波形的峰值,并利用数字示波器的测量线测量电流波形的时间参数 T_1 和 T_2,将试验数据填入表 6.7 - 6。

表 6.7 - 6　氧化锌电阻片冲击电流试验记录表

参　　数	实　测　值	误　差
施加冲击电流的幅值/kA		—
施加冲击电流的 $T_1/\mu s$		
施加冲击电流的 $T_2/\mu s$		
测得残压幅值/kV		—

6.7.5　实验报告要求

(1) 通过分析实验数据和实验结果来评估真空断路器、高压开关柜以及氧化锌电阻片的质量好坏。

(2) 解答实验指导书中的思考题。

6.7.6　思考题

(1) 高电压试验应采取哪些安全措施?

(2) 真空断路器动触头的分闸速度是否越快越好? 为什么?

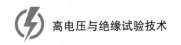

（3）隔离开关、负荷开关和断路器的用途有何不同？

（4）在氧化锌电阻片的 8/20 μs 冲击电流试验中，为什么示波器上测得的电流波形和残压波形是反相的？

6.8　高压电源发生装置数值仿真实验

6.8.1　实验目的

（1）学习 MATLAB Simulink 软件的使用方法。

（2）使用 MATLAB Simulink 软件对几种典型高电压试验设备进行仿真。

6.8.2　仿真软件

随着计算机技术的飞速进步，仿真计算软件在近年来得到了较大的发展，各种电路仿真软件相继问世，功能强大，仿真计算的精度和效率也日益增强，是科研人员有力的辅助工具。常见的电路仿真软件有 MATLAB Simulink、Multisim、LTspice/Pspice 等。MATLAB 是美国 MathWorks 公司于 20 世纪 80 年代中期出品的高性能数值计算软件，适用于算法开发、数据可视化、数据分析以及数值计算等高级技术计算语言和交互式环境。Simulink 是 MATLAB 中的一种可视化电路仿真软件，基于 MATLAB 的框图设计环境，可实现动态系统建模、仿真和分析。Multisim 是美国国家仪器（National Instruments，NI）推出的以 Windows 系统为基础的电路仿真软件工具，适用于板级的模拟/数字电路板的设计工作。它包含了电路原理图的图形输入和电路硬件描述语言输入，有丰富的仿真分析能力。LTspice 是一款高性能 Spice 仿真器、电路图捕获和波形观测器。在电路仿真过程中，其自带的模型往往不能满足需求，LTspice 可以把厂家提供的 spice 模型导入 LTspice 中进行仿真。

其中，Simulink 与 MATLAB 结合紧密，其计算引擎和后期数据处理较为便捷有效，且 MATLAB 更为学习过高等数学课程等课程的同学们所熟悉，所以本实验使用 MATLAB Simulink 对几种典型高电压试验设备进行仿真。

6.8.3　仿真案例

MATLAB Simulink 的基本操作请见第 4.2.2 节，此处不再赘述。下面以交流高压发生器为例，进行 MATLAB Simulink 的电路仿真。

交流高压发生器可以分为三种类型：试验变压器、串联（或并联）谐振设备和倍频发生器。

1）试验变压器

试验变压器的试验电路图如图 6.8 - 1 所示。

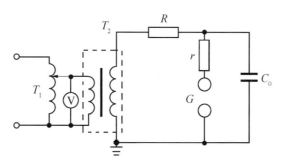

图 6.8 - 1　试验变压器试验电路图

根据试验电路图，在 MATLAB Simulink 模块库中选取所需的模块，如图 6.8 - 2 所示。搭建的 MATLAB Simulink 电路图如图 6.8 - 3 所示。各模块的参数设置如图 6.8 - 4 所示。

AC Voltage Source	Linear Transformer	Parallel RLC Branch	Voltage Measurement	Scope	powergui
交流电压源	线性变压器	并联RLC （电阻、电感、电容）分支	电压测量	示波器	电力图形 用户界面

图 6.8 - 2　MATLAB Simulink 模块图

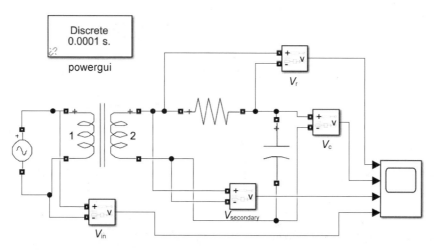

图 6.8 - 3　MATLAB Simulink 电路图

（1）试品电容量对输出波形的影响。

使用线性变压器，原副边匝数比为 220：50 000，限流电阻设置为 100 kΩ，改变试品电容量，观察输出电压变化情况，如图 6.8 - 5 所示。

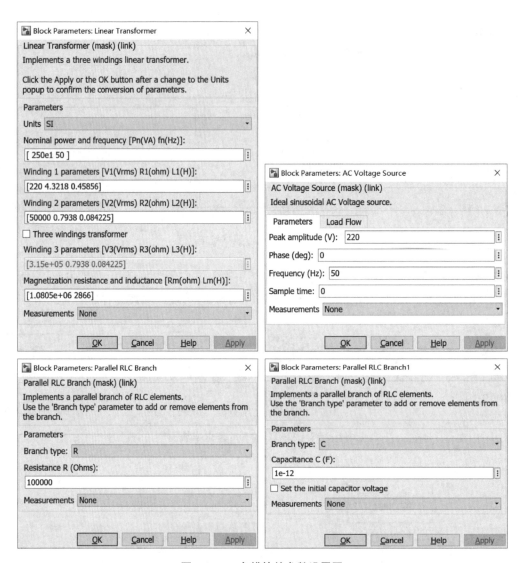

图 6.8-4 各模块的参数设置图

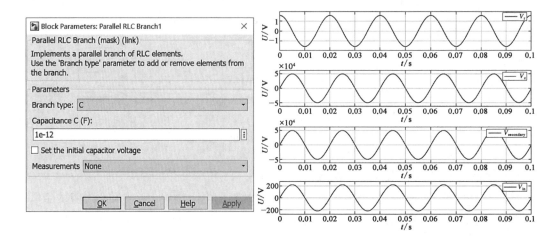

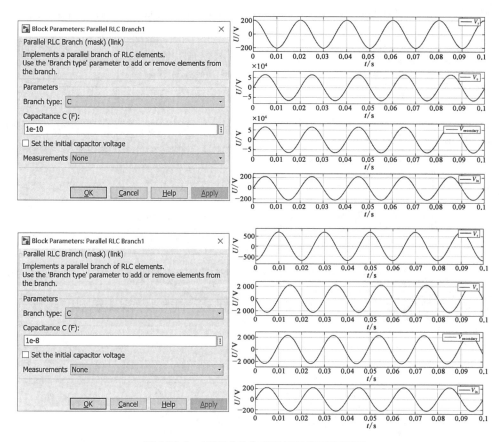

图 6.8-5　不同试品电容量下的仿真波形图

（2）铁芯饱和对输出波形的影响。

使用饱和变压器，原副边匝数比为 735：315，原边电阻设置为 1 kΩ，原边电压为 200 kV，如图 6.8-6 所示。改变试品电容量，观察输出电压变化情况，如图 6.8-7 所示。

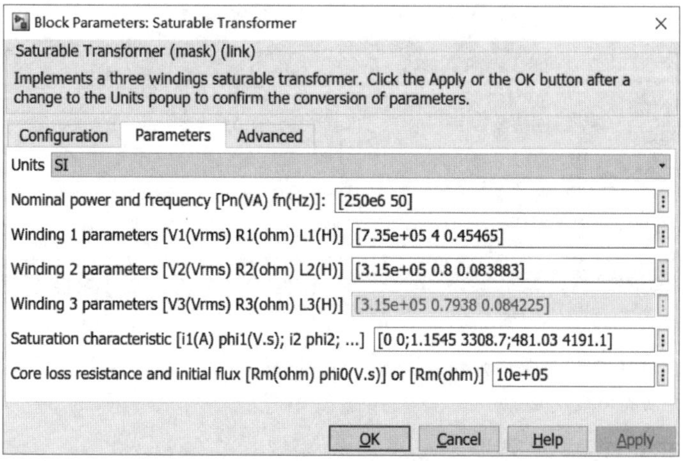

图 6.8-6　饱和变压器参数设置图

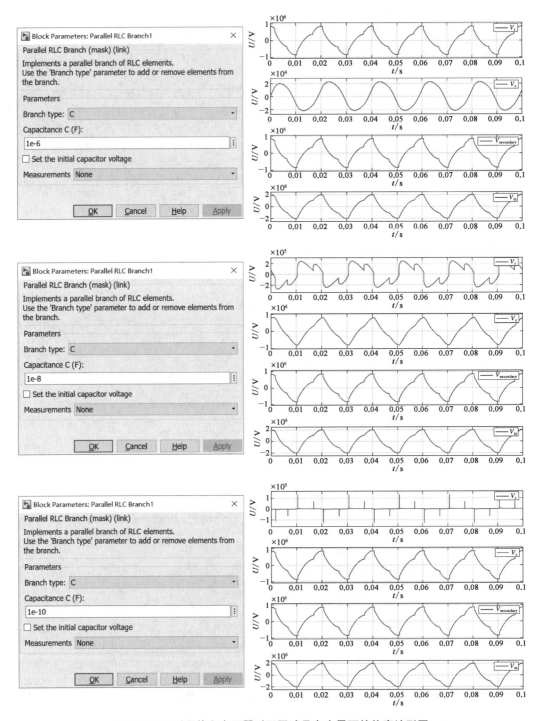

图 6.8-7 采用饱和变压器时不同试品电容量下的仿真波形图

2) 串联(或并联)谐振设备

串联谐振设备试验电路图如图 6.8-8(a)所示,等效电路图如图 6.8-8(b)所示。

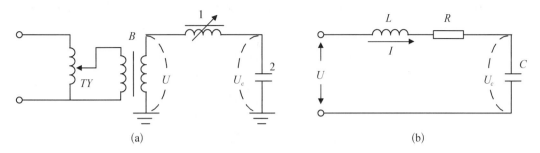

图 6.8‑8　串联谐振设备

(a) 试验电路图；(b) 等效电路图

试品两端的电压为

$$U_c = IX_C = \frac{U}{\sqrt{R^2 + (X_L - X_c)^2}} X_C \tag{6.8-1}$$

当发生谐振时，由 $X_C = X_L$，可得

$$U_c = \frac{U}{R} X_C = \frac{U}{R} X_L \tag{6.8-2}$$

谐振回路的品质因数为

$$Q = \frac{\omega L}{R} = \frac{1}{\omega C R} > 1 \tag{6.8-3}$$

搭建的 MATLAB Simulink 电路图如图 6.8‑9 所示。

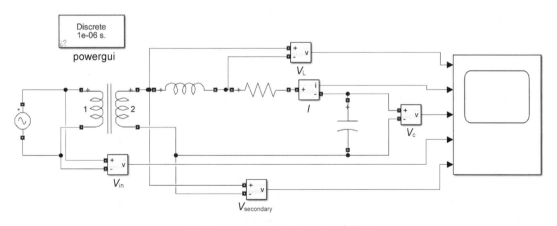

图 6.8‑9　MATLAB Simulink 电路图

(1) 谐振参数对试样两端电压波形的影响。

使用线性变压器，原副边匝数比为 735：315，原边电压为 735 kV，谐振电感为 1.02 H，试品电容为 10 μF，如图 6.8‑10 所示。观察副边电流、谐振电感和试样电容上的电压，如图 6.8‑11 所示。

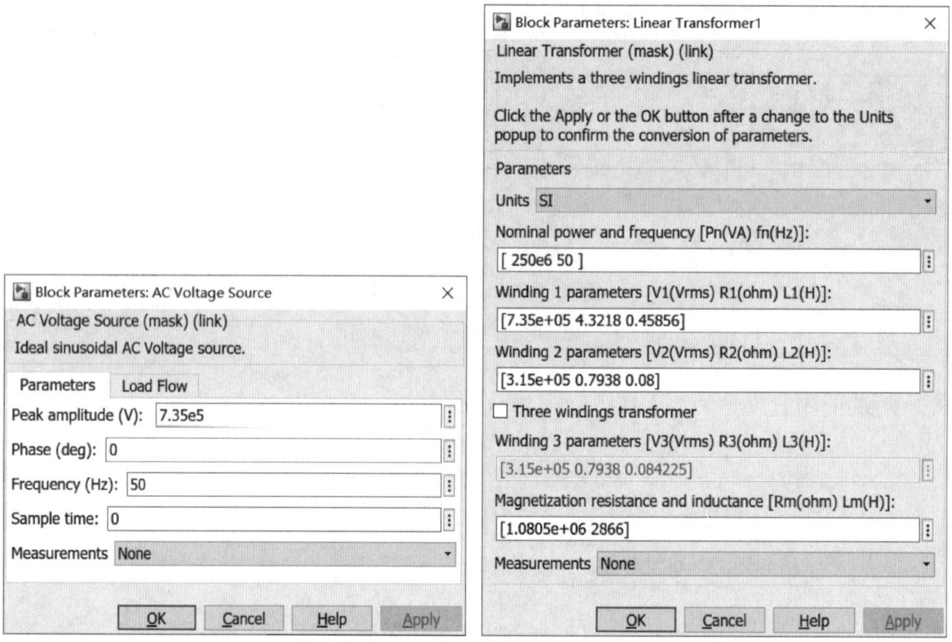

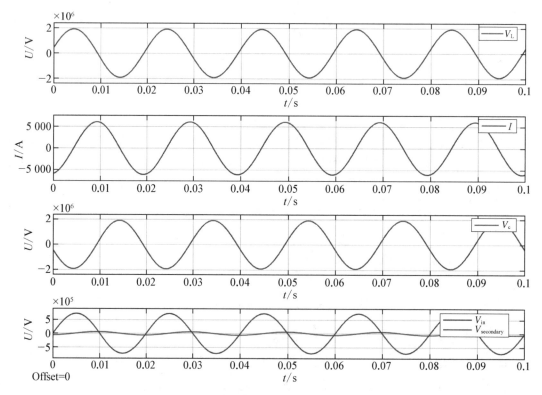

图 6.8 - 10 参数设置图

图 6.8 - 11 谐振电感(1.02 H)时的仿真波形图

改变谐振电感为 0.1 H,试品电容为 10 μF,试样电容上的电压明显降低,如图 6.8 - 12 所示。

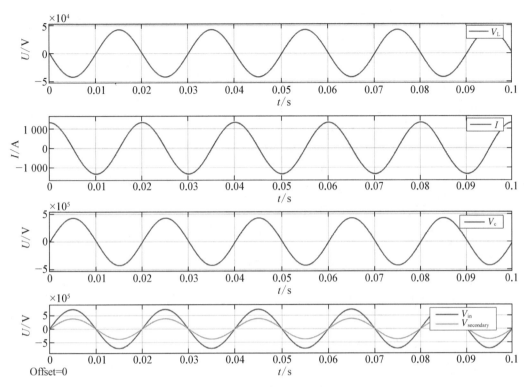

图 6.8 - 12　谐振电感(0.1 H)时的仿真波形图

(2) 试样击穿时谐振发生器的故障电流。

在试样两端并联设置开关(Breaker),在 1/50 s 时合闸,3/50 s 时再次断开,观察短路后故障电流的变化情况。

MATLAB Simulink 仿真串联谐振试样击穿电路如图 6.8 - 13 所示,开关参数设置如图 6.8 - 14 所示。

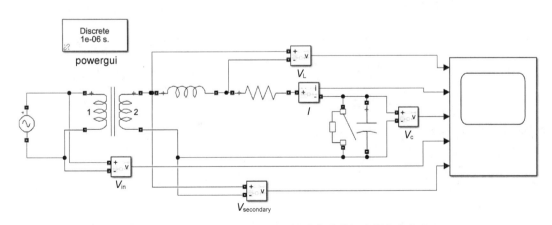

图 6.8 - 13　MATLAB Simulink 仿真串联谐振试样击穿电路

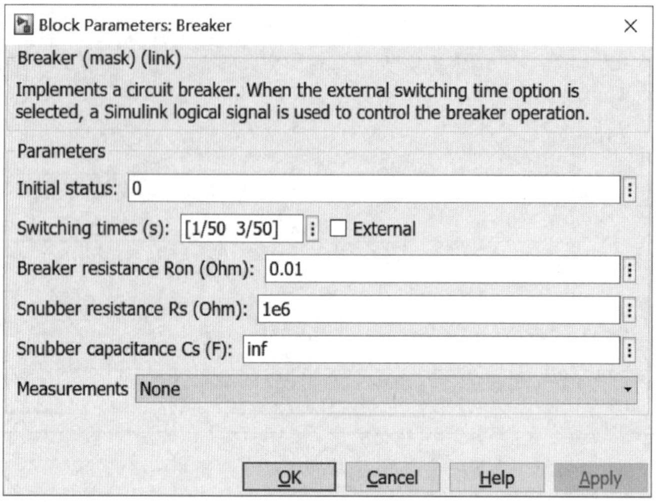

图 6.8 - 14　开关参数设置图

短路后故障电流振荡减小，再次合闸后经过若干周期后，电压电流恢复正常，如图 6.8 - 15 所示。

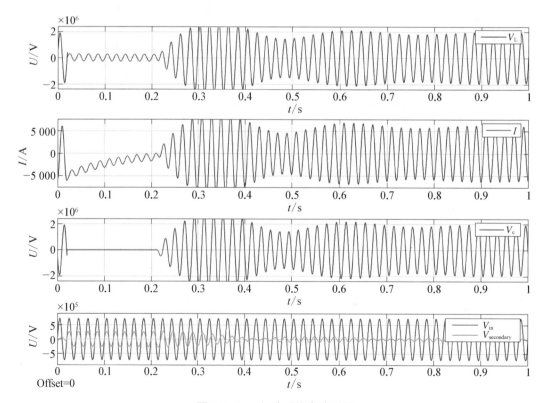

图 6.8 - 15　短路后仿真波形图

6.8.4　仿真实验作业

作业内容为使用 simulink 仿真设计冲击电流发生器。

(1) 冲击电流波头波尾时间为 8/20 μs,放电回路电阻 $R=0.5\ \Omega$,冲击电流最大值 $I_m=$ 2 kA,求放电回路中的电感 L、充电储能电容 C 和副边电压最大值 U_0。并用 Simulink 搭建电路仿真冲击电流波形和电容上的电压波形。

(2) 题目(1)中的冲击电流是欠阻尼、临界阻尼还是过阻尼? 为什么?

(3) 保持电感 L、电容 C 和副边电压最大值 U_0 不变,改变电阻,当电阻为何值时,冲击电流波形分别是(2)中以外的两种阻尼形式? 并用 Simulink 搭建电路仿真冲击电流波形和电容上的电压波形。

设计查图方法如图 6.8-16 所示。

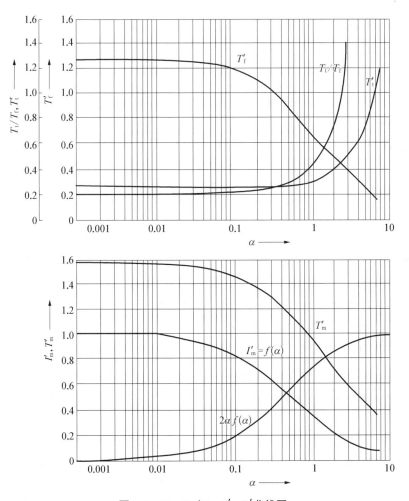

图 6.8-16　T_t/T_f、I'_m、T'_m 曲线图

第7章

高电压与绝缘虚拟仿真实验

高电压绝缘放电物理机理是高电压与绝缘技术领域的重要基础。气体和液体电介质的放电机理在教科书上有较完整的理论和实验,而针对固体介质的放电机理以及影响放电特性的电荷输运过程等内容却较少涉及。高电压工程中的电力设备很多都是使用固体介质作为绝缘材料的,通过固体介质的放电机理与电荷输运的虚拟仿真更有助于理解电力设备的绝缘失效,对培养高电压与绝缘技术领域的研究型人才具有重要的意义。高电压与绝缘放电及击穿过程,涉及电子、离子的产生、运动以及电、磁、热、力等多物理场耦合,机理十分复杂。开展高电压与绝缘放电、击穿物理机理的实验教学,不但需要高电压、大电流条件,还需要配备高性能的物理参数诊断设备,投入高、安全风险大。本章基于虚拟仿真技术,在完备的固体电介质放电、击穿和电荷输运虚拟仿真环境中,培养学生从微观物理过程和物理定律出发,逐渐掌握固体介质的放电机理及规律,为绝缘设计与设备绝缘实验提供基础知识。

高电压绝缘放电与电荷输运虚拟仿真实验包含设备认知模块、固体绝缘强度实验模块、电树枝-局部放电模块、PEA空间电荷实验模块和放电过程展示模块,共5个模块,其中3个实验模块各包含3个实验子模块。针对高电压绝缘放电包含的多种放电形式和物理机理进行全方位模拟和由浅入深逐步递进的实验设置。以固体绝缘材料的放电、击穿和背后的电荷输运机理为具体内容,采用循序渐进的实践方式,设计了固体绝缘强度实验、电树枝-局部放电实验和空间电荷实验,从放电现象逐步深入到放电机理,模拟温度、纳米复合、外施电场等因素对击穿、局部放电、电树枝和空间电荷等特性的影响,适应课程的实践要求。通过本虚拟仿真实验可以达到以下目标。

(1)了解并掌握各种类型高电压专业设备或仪器的测试原理、操作步骤和实验方法,包括电力系统中常用的电源发生器类设备,如高压发生器;电气绝缘中常用的参数检测类电气测量仪器,如局部放电检测仪;高电压工程与绝缘技术学科中科学研究用仪器,如空间电荷检测仪器等。

(2)了解并掌握高电压绝缘放电相关的击穿实验、局部放电实验、电树枝实验、空间电荷实验的基本原理、系统组成、实验设计和结果分析等相关实践知识和实验技能。

(3)了解纳米复合、温度和厚度对绝缘击穿强度的影响规律;纳米复合、温度和外施电压对绝缘材料局部放电和电树枝特性的影响规律;纳米复合、温度和外施电压对绝缘材料的空间电荷特性与内部电场分布的影响规律,掌握高电压绝缘材料放电物理过程和机理。

(4) 培养学生结合高电压绝缘理论知识进行问题分析的能力。

(5) 提高学生在高电压绝缘理论和实验方面的知识储备与实践水平。

本虚拟仿真实验网站链接为 http://seiee.sjtu.owvlab.net/vlab/gyjy.html。

7.1　实验模块一:设备认知

7.1.1　实验原理

设备认知模块包含高电压绝缘放电相关的击穿实验、局部放电实验、电树枝实验、空间电荷实验所需的基本设备,如 250 kV 交流高压源控制台、250 kV 交流高压源分压器、250 kV 试验变压器、击穿实验电极腔体、恒温油浴、局放测量耦合电容、电树枝观测台、脉冲电压源、空间电荷测试电极腔体、示波器等设备。认知模块介绍各设备的结构、功能和参数,并配以 360°自由视角三维模型,可以直观地了解设备结构和功能,如图 7.1 - 1 所示。

图 7.1 - 1　实验设备三维建模示例

7.1.2　基本操作

登录系统并加载实验界面后进入实验,分别通过计算机键盘上的 W、A、S、D 键控制视角的移动,单击鼠标左键实现物品选择、连线等操作,如图 7.1 - 2 所示。

选择"设备认知"模块,单击"进入"。弹框出现信息提示,单击"确定",单击高亮栅栏,进入设备区。弹框出现信息提示,单击"确定",双击设备,放大设备,配合文字进行说明,如图 7.1 - 3 所示。

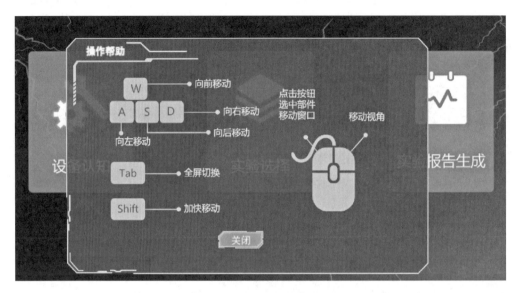

图 7.1‒2 操作示意图

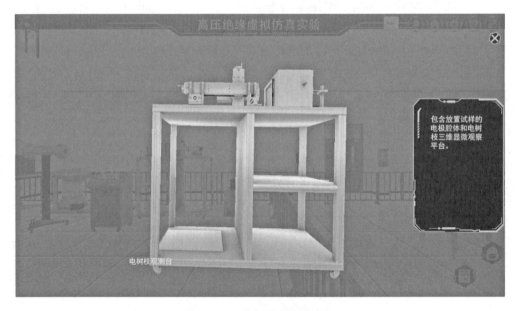

图 7.1‒3 电树枝观测台介绍

7.2 实验模块二：固体绝缘强度实验

7.2.1 实验原理

固体绝缘击穿强度实验原理如图 7.2‒1 所示，实验设备包括调压器、试验变压器、电极腔体、恒温油浴以及控制保护装置等。控制台控制调压器的输出电压,输出电压再经过试验变压器变为高电压。平板试样放置在装有变压器油的电极腔体中。变压器油可有效防止平板试样发生沿面闪络。电极腔体通过两条输油管与恒温油浴装置相连。恒温油浴装置控制变压器油的循环和温度,进而控制实验温度。限流电阻可限制击穿时流过试样的电流。

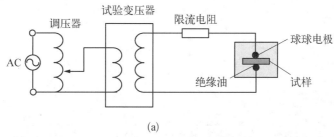

(a)

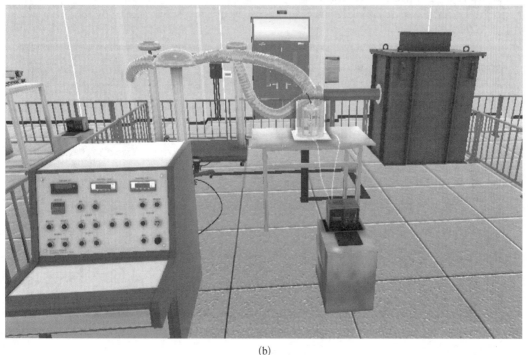

(b)

图 7.2 - 1　固体绝缘强度实验

(a)原理图;(b)系统三维建模

7.2.2　基本操作

单击"实验选择"模块,选择实验进行操作。单击"固体绝缘强度实验"模块,进入实验,如图 7.2 - 2 所示。

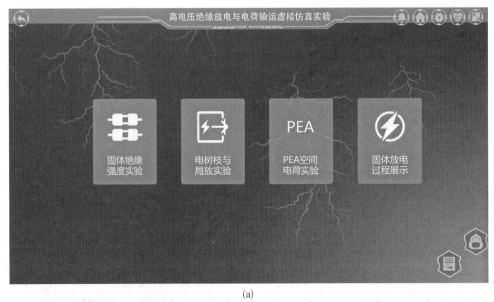

(a)

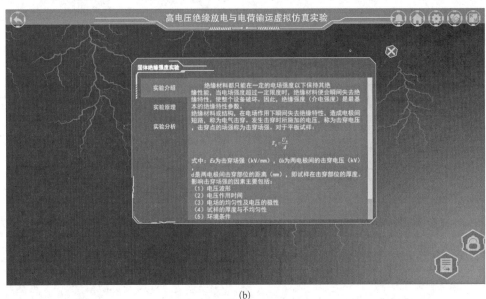

(b)

图 7.2-2　实验界面

（a）选择界面；（b）原理界面

在"固体绝缘强度实验"模块，单击"实验原理"模块，学习实验介绍，实验原理，实验分析的学习，阅读完毕单击右上角的叉号关闭。

在"固体绝缘强度实验"模块单击"设备选择"模块，进入设备间，根据左下角提示，双击想要选择的设备，单击"选择"以选择设备，如图 7.2-3 所示。单击"完成选择"，如果选择错误，会弹出错误提示，且选错的设备会标红显示。设备选择正确后回到"固体绝缘强度实验环节"选择界面，此时"实验选择"功能解锁。

图 7.2－3　实验设备选择界面

在"固体绝缘强度实验"模块,单击"实验选择"可选择固体绝缘强度实验的三个小实验,单击"不同材料的击穿强度实验"可选择"学习模式"和"考核模式",根据右侧实验步骤提示,完成设备摆放,如图 7.2－4 所示。

图 7.2－4　实验流程界面(不同材料的击穿强度实验)

根据步骤提示及高亮提示完成设备连线。

完成试样摆放,进入实验设备参数设置环节。

根据实验步骤提示完成控制台设置,得到击穿电压。

记录第一组击穿电压值,此时提示是否跳过重复步骤,单击"是",获得其他击穿电压结果。单击"Weibull 分析"按钮,可得到实验结果,如图 7.2-5 所示。

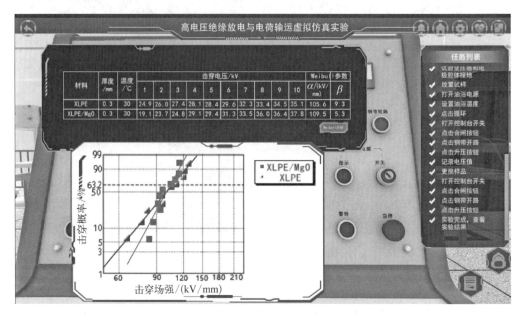

图 7.2-5 实验结果展示界面(不同材料的击穿强度实验)

在"固体绝缘强度实验"模块单击"实验选择"可选择固体绝缘强度实验的三个小实验,单击"厚度对击穿强度的影响实验",单击背包,放置试样,如图 7.2-6 所示。

图 7.2-6 试品放置示意图(厚度对击穿强度的影响实验)

根据任务列表提示，打开油浴电源，设置油浴温度，单击"循环"，进行实验，如图 7.2 - 7 所示。

图 7.2 - 7　油浴温度设置示意图（厚度对击穿强度的影响实验）

温度设置完成，操作变压器控制台进行击穿试验，实验完成，查看实验结果，如图 7.2 - 8 所示。

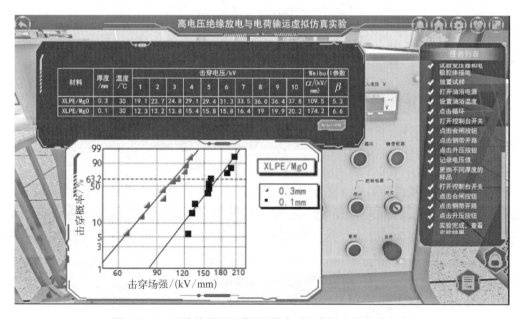

材料	厚度 /mm	温度 /℃	击穿电压/kV										Weibull 参数	
			1	2	3	4	5	6	7	8	9	10	α/(kV/mm)	β
XLPE/MgO	0.3	30	19.1	23.7	24.8	29.1	29.4	31.3	33.5	36.0	36.4	37.8	109.5	5.3
XLPE/MgO	0.1	30	12.3	13.2	13.8	15.4	15.8	15.8	16.4	19	19.9	20.2	174.2	6.6

图 7.2 - 8　实验结果展示界面（厚度对击穿强度的影响实验）

在"固体绝缘强度实验"模块单击"实验选择"可选择固体绝缘强度实验的三个小实验，单击"温度对击穿强度的影响实验"，单击背包，放置试样，如图7.2-9所示。

图 7.2 - 9　试品放置示意图(温度对击穿强度的影响实验)

根据任务列表提示，打开油浴电源，设置油浴温度，单击循环，进行实验。

温度设置完成，进行变压器控制台进行击穿试验。

单击控制台开关，单击合闸按钮后，单击钢带开路，再单击升压按钮。试验成功后，记录电压值。

7.3　实验模块三：电树枝与局放实验

7.3.1　实验原理

固体绝缘电树枝与局部放电实验原理如图7.3-1所示，实验设备包括控制台、升压器、保护电阻、高压探头、耦合电容、局放仪、工业相机、示波器、恒温油浴箱、计算机等。实验试样采用针-板绝缘，将金属针插入聚合物绝缘中。实验采用无局放交流变压器，使用保护电阻以防止试样击穿后的大电流。耦合电容为高压无电晕电容器，同时为防止沿面闪络，将试样浸入变压器油中，并通过铜球将针电极与高压线相连。高压线采用波纹管来排除线路上可能的电晕放电。使用恒温油浴箱对实验温度进行控制，同时使用工业相机对电树枝生长过程中的形态变化进行实时观察。利用脉冲电流法对局部放电信号进行采集。

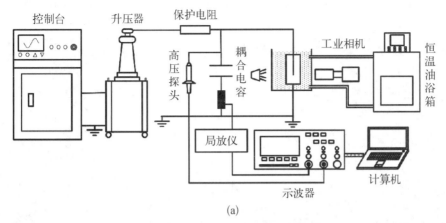

(a)

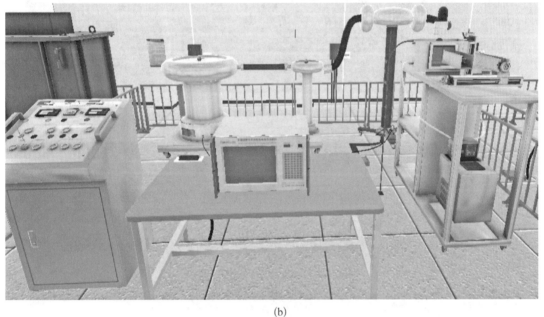

(b)

图 7.3 - 1　电树枝-局部放电实验

(a) 原理图；(b) 系统三维建模

7.3.2　基本操作

在主页面单击"实验选择"模块，选择实验进行操作。单击"电树枝与局放实验"模块，进入实验。在"电树枝与局放实验"模块单击"实验原理"，阅读弹框内的实验介绍、实验原理、实验分析，如图 7.3 - 2 所示。

单击"设备选择"模块，进入设备间，根据左下角提示，双击想要选择的设备，单击"选择"以选择设备，如图 7.3 - 3 所示。设备选择正确后回到"电树枝与局放实验"选择界面，此时"实验选择"功能解锁。

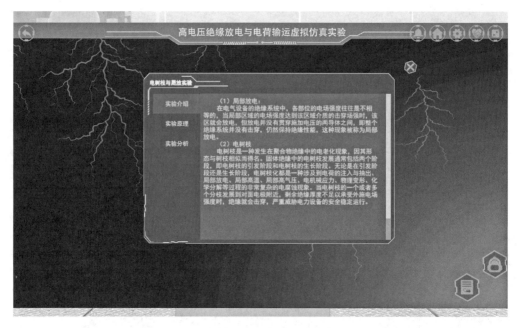

图 7.3－2　实验原理界面

图 7.3－3　实验设备选择界面

在"电树枝与局放实验"模块单击"实验选择"可选择电树枝与局放实验的三个小实验，单击"不同材料的电树枝与局放实验"可进行"学习模式"和"考核模式"的选择。单击"背包-设备库"按钮将设备拖动至场景高亮部分以完成设备的摆放，完成设备间连线和试品摆放，进行设置温度，设置电压，单击"电树枝与局部放电分析"按钮，记录数据完成实验，如图 7.3－4 所示。

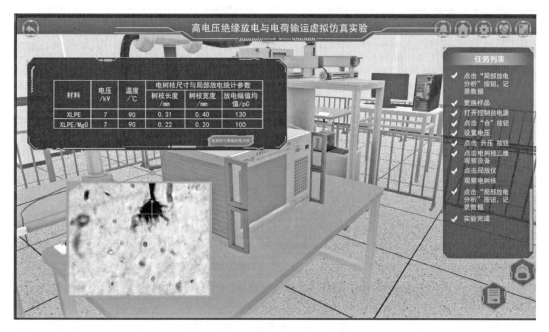

图 7.3‐4　实验结果展示界面(不同材料的电树枝与局放实验)

在"电树枝与局放实验"模块单击"实验选择"可选择电树枝与局放实验的三个小实验，单击"电压对电树枝与局放特性的影响实验"，设置油浴温度和电压，进行实验操作，单击电树枝三维观察设备。

单击"电树枝与局部放电分析"按钮，记录数据，完成实验，如图 7.3‐5 所示。

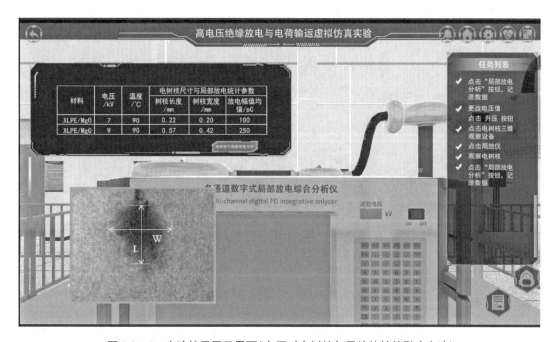

图 7.3‐5　实验结果展示界面(电压对电树枝与局放特性的影响实验)

在"电树枝与局放实验"模块单击"实验选择"可选择电树枝与局放实验的三个小实验，单击"温度对电树枝与局放特性的影响实验"，根据操作提示完成设备摆放，单击高亮设备进行设备间连线。试验样品摆放后，进行实验操作，单击电树枝三维观察设备。

单击"电树枝与局部放电分析"按钮，记录数据，完成实验，如图 7.3 - 6 所示。

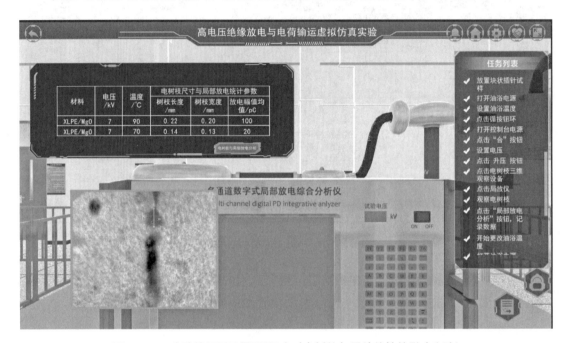

图 7.3 - 6　实验结果展示界面(温度对电树枝与局放特性的影响实验)

7.4　实验模块四：PEA 空间电荷实验

7.4.1　实验原理

固体绝缘空间电荷实验原理如图 7.4 - 1 所示，实验设备包括高压直流源、脉冲电压源、压电传感器、电阻电容等。空间电荷测试采用 PEA 法：当试样施加电声脉冲时，试样内部的空间电荷会在电声脉冲引起的库仑力作用下形成压力波，该波的强度和传播时间反映了空间电荷密度和位置信号。在电声脉冲法测量系统中，该压力波信号经压电传感器变换为电压信号，经电压信号的数据反卷积、标定和恢复后获得试样内部的空间电荷分布。

7.4.2　基本操作

在主页面单击"实验选择"模块，选择实验进行操作。单击"PEA 空间电荷实验"模块，

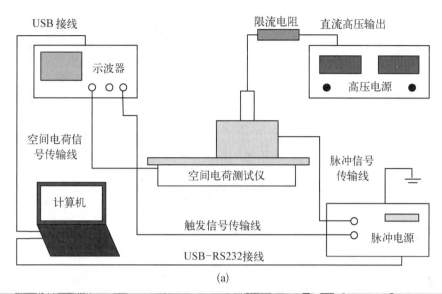

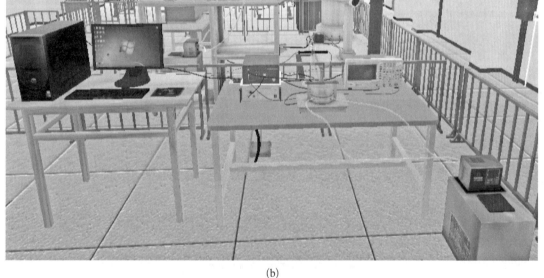

图 7.4 - 1　PEA 空间电荷实验

（a）原理图；（b）系统三维建模

进入实验。在"PEA 空间电荷实验"模块单击"实验原理"，阅读弹框内的实验介绍、实验原理、实验分析，完成学习，如图 7.4 - 2 所示。

　　单击"设备选择"模块，进入设备间，完成设备选择。

　　在"PEA 空间电荷实验"模块单击"实验选择"可选择 PEA 空间电荷实验的三个小实验，单击"不同材料的空间电荷实验"，可选择"学习模式"和"考核模式"，根据操作提示，完成试验品摆放，进行温度设置和电压设置，单击计算机，在软件界面设置施加电场值，并更换样品继续进行试验，如图 7.4 - 3 所示。记录数据，完成实验，如图 7.4 - 4 所示。

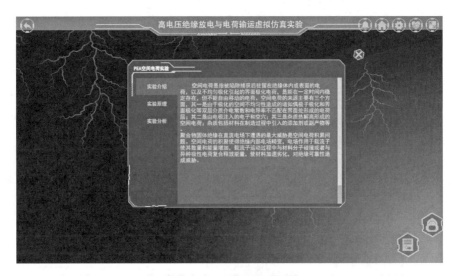

图 7.4‒2　实验原理界面

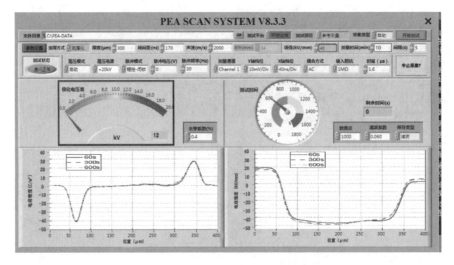

图 7.4‒3　软件设置界面(不同材料的空间电荷实验)

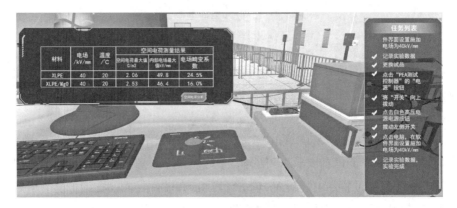

图 7.4‒4　实验结果展示界面(不同材料的空间电荷实验)

在"PEA 空间电荷实验"模块单击"实验选择"可选择 PEA 空间电荷实验的三个小实验,单击"电压对空间电荷特性的影响实验",可选择"学习模式"和"考核模式",根据操作提示,完成设备摆放,单击高亮设备进行设备间连线并摆放试验品,进行温度和电压设置,进行实验操作,如图 7.4 - 5 所示。记录数据,完成实验,如图 7.4 - 6 所示。

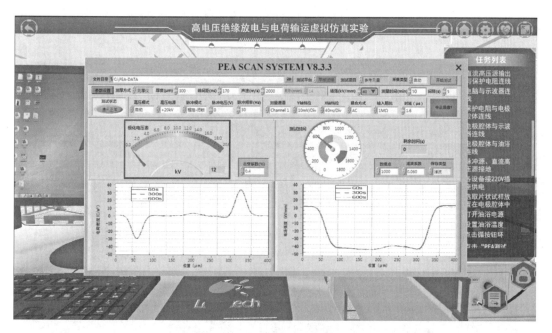

图 7.4 - 5　软件设置界面(电压对空间电荷特性的影响实验)

图 7.4 - 6　实验结果展示界面(电压对空间电荷特性的影响实验)

在"PEA 空间电荷实验"模块单击"实验选择"可选择 PEA 空间电荷实验的三个小实验，单击"温度对空间电荷特性的影响实验"，可选择"学习模式"和"考核模式"，根据操作提示，完成设备摆放，单击高亮设备进行设备间连线并摆放试验品，进行温度设置。单击脉冲源"电源"按钮，拨动开关，单击直流高压源电源按钮，拨动开关。单击计算机设置施加场强、测试时间，观察空间电荷波形。根据实验项目要求进行重复试验，更换试样或设置不同温度，如图 7.4-7 所示。记录数据，完成实验，如图 7.4-8 所示。

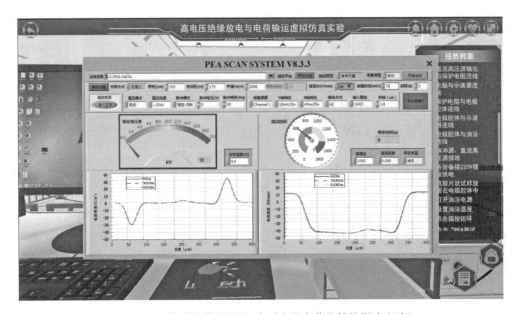

图 7.4-7 软件设置界面（温度对空间电荷特性的影响实验）

图 7.4-8 实验结果展示界面（温度对空间电荷特性的影响实验）

7.5　实验模块五：固体放电过程展示

7.5.1　实验原理

以动画形式展示高电压绝缘放电从空间电荷注入、电场畸变、局部放电、电树枝引发与生长直至击穿全过程，辅助学生理解高电压绝缘放电背后的物理机理和伴随的各类放电现象。

7.5.2　基本操作

单击"实验选择"模块，选择实验进行操作。单击"固体放电过程展示"，观看视频演示，如图 7.5 - 1 所示。

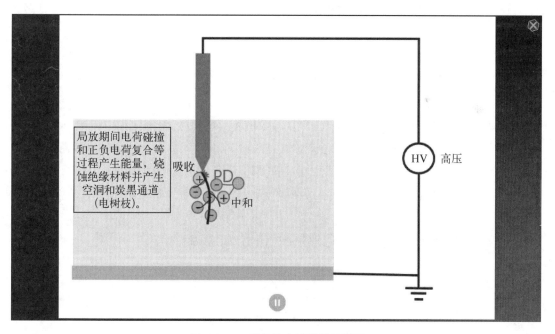

图 7.5 - 1　固体放电过程展示界面

参考文献

［1］陈昌渔,干昌长,高胖友.高电压试验技术［M］.4 版.北京：清华大学出版社,2017.

［2］张仁豫,陈昌渔,王昌长.高电压试验技术［M］.2 版.北京：清华大学出版社,2003.

［3］华中工学院,上海交通大学.高电压试验技术［M］.北京：中国水利电力出版社,1983.

［4］邱昌容,曹晓珑.电气绝缘测试技术［M］.北京：机械工业出版社,2011.

［5］中国国家标准化管理委员会.高电压试验技术：第 1 部分　一般试验要求：GB/T 16927.1—2011［S］.北京：中国标准出版社,2011.

［6］中国国家标准化管理委员会.高电压试验技术：第 2 部分　测量系统：GB/T 16927.2—2013［S］.北京：中国标准出版社,2011.

［7］中国国家标准化管理委员会.高电压测量标准空气间隙：GB/T 311.6—2005［S］.北京：中国标准出版社,2005.

［8］梁曦东,周远翔,曾嵘.高电压工程［M］.2 版.北京：清华大学出版社,2015.

［9］陈化钢.电力设备预防性试验方法及诊断技术［M］.北京：中国水利水电出版社,2009.

［10］周武仲.电力设备维修、诊断与预防性试验［M］.北京：中国电力出版社,2002.

［11］高胜友,王昌长,李福祺.电力设备的在线监测与故障诊断［M］.2 版.北京：清华大学出版社,2018.

［12］李学生.PSCAD 建模与仿真［M］.北京：中国电力出版社,2013.